DWA-Regelwerk
Arbeitsblatt DWA-A 131
Bemessung von einstufigen Belebungsanlagen
Juni 2016

清晰的方案　洁净的环境

DWA-A 131
一段活性污泥法设计计算规程

2016年6月版

德国水、污水和废弃物处理协会 著

唐建国 等 译

U0346992

同济大学出版社
TONGJI UNIVERSITY PRESS

上海市版权局著作权合同登记号 图字:09-2021-0871

Copyright © 2016 by Deutsche Vereinigung für Wasserwirtschaft，Abwasser und Abfall e. V.

Translated by Tongji University Press Co.，Ltd. This translation has not been checked by the Deutsche Vereinigung für Wasserwirtschaft，Abwasser und Abfall e. V. (German Association for Water，Wastewater and Waste)

图书在版编目(CIP)数据

一段活性污泥法设计计算规程:DWA-A 131 / 德国水、污水和废弃物处理协会著;唐建国等译. —上海:同济大学出版社，2022.2

ISBN 978-7-5765-0135-3

Ⅰ.①一… Ⅱ.①德… ②唐… Ⅲ.①活性污泥处理-设计计算-规程 Ⅳ.①X703-65

中国版本图书馆 CIP 数据核字(2022)第 016225 号

一段活性污泥法设计计算规程 DWA-A 131

德国水、污水和废弃物处理协会　著

唐建国 等　译

责任编辑　翁　晗
责任校对　徐逢乔
封面设计　潘向蓁

出版发行　同济大学出版社　　www. tongjipress. com. cn
　　　　　(地址:上海市四平路 1239 号　邮编:200092　电话:021-65985622)
经　　销　全国各地新华书店、网络书店
印　　刷　启东市人民印刷有限公司
开　　本　889mm×1194mm　1/32
印　　张　4
字　　数　108 000
版　　次　2022 年 2 月第 1 版　　2022 年 2 月第 1 次印刷
书　　号　ISBN 978-7-5765-0135-3
定　　价　48.00 元

译|者|信|息

唐建国

陈　灿　蔡晙雯　杨殿海　徐率先　赵国志

林洁梅　周传庭　薛勇刚　鲁　骖　戴栋超

赵　刚　蒋　明　魏源源　梅晓洁　彭香葱

德国水、污水和废弃物处理协会（DWA）致力于水、污水、废弃物的处理，安全和可持续发展。作为一个在政治和财务方面的独立组织，该协会主要从事水、污水、废弃物和土壤保护领域的专业工作。

在欧洲范围内，德国水、污水和废弃物处理协会是该专业领域中成员最多的协会，凭借规范制定、培训和信息获取以及交流的专业能力，不仅对专业人士而且对公众而言均具有特殊的地位。该协会拥有约 14 000 名成员，分别来自市政部门、高校、工程师事务所、政府机关和相关企业。

── 序　言 ──

　　感谢唐建国总工的盛情邀约,有幸为这部译著写一段序言。也算是机缘巧合,我 30 多年前就开始与德国污水处理行业技术人员接触和交流合作,并多次访问德国相关机构,两次在德累斯顿工业大学短期进修,与德国污水技术协会 ATV-A 131 标准有不解之缘。

　　知悉德国污水技术协会(ATV)是 1988 年冬天,当时我受奥地利 SFC 咨询公司委托,承担了我国泰安城市污水处理试验研究。基于试验结果,中奥双方设计咨询单位决定采用 AB 法 A 段加改良 A2/O 的创新工艺流程,工艺验证计算参考了奥方提供的德国 ATV-A 131 方法和国际水污染控制协会污水处理设计运行数学模型方法。1994 年春天,我担任项目总负责人,牵头山东南四湖流域主要污染源治理工程项目申报书和可行性研究报告编制,并获中德两国政府主管部门共同批准,由德国复兴信贷银行提供 4 750 万马克赠贷款,用于济宁、曲阜、兖州和滕州四座污水处理厂的成套设备与技术服务采购。在其后续工程设计中,工艺计算主要参照 1991 年版本的 ATV-A 131《5 000 及以上人口当量的一段活性污泥设施设计计算规程》。

德国污水技术协会（ATV）于 1948 年 5 月 10 日在杜塞尔多夫成立，其发展起源可以追溯到 1891 年。根据 1998 年的《欧洲水框架指令》，1999 年 9 月 28 日德国污水技术协会（ATV）、1999 年 10 月 6 日德国水管理与文化建设协会（DVWK）分别通过决议，于 2000 年 1 月 1 日合并成为德国水、污水和废弃物处理协会（ATV-DVWK），2004 年 9 月 15 日 ATV-DVWK 确定启用新的简称 DWA，用于所加入的国际水协（IWA）和欧洲水协（EWA）。

2000 年 5 月，ATV-DVWK 发布升级版 A 131《一段活性污泥法设计计算规程》，主要变化是不再限定人口当量数，删除污水流量与负荷来源的章节，除氮设计温度由 10 ℃调整为 12 ℃，增加生物除磷和好氧选择器设计，修改反硝化能力，改变氧转移量确定方法，提供基于 COD 的设计计算，提高二沉池固体通量，修改二沉池浓缩区、排泥区参数并增加排泥系统（刮泥机）设计。2016 年版的 DWA-A 131《一段活性污泥法设计计算规程》，在 2000 年版的基础上，明确活性污泥法污水处理设施应以 COD 负荷为设计基础，同时增加和丰富了 COD 组分分析、数学模型、构筑物细化设计计算的内容，有很高的理论学习与实际应用参考价值。

唐建国总工 20 世纪 90 年代曾在德国污水处理管理部门及运营机构进修、学习，对德国污水技术协会及其标准有很深的理解和掌握，与后来合并改名的德国水、污水和废弃物处理协会（DWA）也一直保持密切联系。在他积极争取下，德方授予 DWA-A 131 中文版出版许可，德文原版标准的翻译与校核是非常辛苦和耗费精力的,在此,对唐建国总工长期以来为中德两国污水处理技术合作所做的努力,翻译团队认真细致的工作与奉献,表达特别的敬意。

郑兴灿

2021 年 12 月 23 日

—— 译者的话 ——

德国拥有技术先进、系统完备、管理有序的污水处理设施。根据德国水、污水和废弃物处理协会（DWA）于 2019 年组织的第 32 次德国城镇污水处理厂调查结果，德国拥有城镇污水处理厂 9 105 座，总处理规模为 1. 518 亿当量人口，接近德国实际人口（8 200 万）的 2 倍。

德国水、污水和废弃物处理协会（DWA）的前身是德国污水技术协会（ATV），该协会致力于水、污水、废弃物的处理和可持续发展，是欧洲范围内该专业领域成员最多的协会。其成员包括政府机关、高等院校、设计研究机构、排水设施运营单位、相关设备制造企业等，也包括诸多的外籍成员。该协会以其在水和环境领域的影响力及专业能力在欧洲乃至全世界都具有特殊地位。其一项重要职能就是为国家编制和颁布旨在规范和指导行业技术发展、设施建设、运行维护的技术标准、技术规程。

我国曾有学者介绍过原德国污水技术协会（ATV）1991 年版《5 000 及以上人口当量的一段活性污泥设施设计计算规程》（ATV-A 131）和 DWA 2000 年版《一段活性污泥法设计计算规程》，为我国污水处理设施设计提供了有益的借鉴。

　　按照德国修订后的水法要求,自 1989 年 9 月起,德国境内处理规模在 5 000 人口当量以上时,必须扩建或建设硝化和反硝化设施;处理规模在 20 000 人口当量以上时,必须扩建或建设除磷设施。1991 年版《5 000 及以上人口当量的一段活性污泥设施设计计算规程》(ATV-A 131)就是为此制定的,该版规程主要基于当时的运行经验制定。其以计算方法清晰、简单著称,至今我国仍有技术人员将其作为设计计算的辅助方法。特别是二沉池设计计算不但考虑表面负荷,还更强调深度对污泥浓缩、储存的重要性。

　　随着德国污水处理厂脱氮除磷设施的普及、技术研究的不断深入和数学模型的广泛应用,加之更多的实际生产运行数据可以用于实际设计中,2000 年版《一段活性污泥法设计计算规程》(ATV-DVWK-A 131)较 1991 年版有了较大的变化,主要体现在:取消了规模的限制和负荷基础数据的分析(相关内容在另外的规程中予以规定),结合生物设施的灵活组合增加了生物除磷设施、好氧选择池的计算,调整了反硝化能力、供氧量的分析计算和二沉池浓缩区的计算方法,允许采用化学需氧量 COD 负荷数据进行计算。

　　本次翻译出版的 2016 年 6 月版《一段活性污泥法设计计算规程》(DWA-A 131)是德国现行的一段活性污泥法设施设计计算规程。在 2000 年版的基础上,该版规程明确活性污泥法设施应以化学需氧量 COD 负荷为设计基础,不再采用生化需氧量 BOD_5 负荷,增加了化学需氧量组分分析、利用现有设施生产数据、试验数据和数学模型验算内容,细化了生物设施设计的设计计算流程,调整了固体物质平衡计算、二沉池深度计算和刮排泥的设计方法；在此基础上，从运营的视角出发，对设施设计优化提出了具体要求。该规程理论性更强、系统性设计和细节设计要求更具体，体现了德国污水处理行业的最新研究成果和运行经验。与我国类似规范相比，其在曝气池、二沉池、污泥量设计计算及运维等方面的规定更加科学、细致、严谨。

他山之石，可以攻玉。希望此次翻译出版的《一段活性污泥法设计计算规程》（DWA-A 131）可为我国专业技术人员在污水处理厂设计、运维时提供重要借鉴。由于德国技术规程编制的方式与我国的规程编写方式有很大的不同，该规程更像我国的设计手册，故在阅读和使用时应加以注意。

本技术规程的编译出版得到了德国水、污水和废弃物处理协会（DWA）的授权许可，上海市城市建设设计研究总院（集团）有限公司、同济大学出版社等单位给予了大力支持。中国市政华北设计总院集团有限公司郑兴灿总工欣然为本译作做序，诸多同事和朋友也给予了文字修改方面的诸多建议，在此一并表示衷心的感谢。

唐建国

2021 年 12 月 20 日

前 言

　　1991 年,原德国污水技术协会(ATV)制定的《5 000 及以上人口当量的一段活性污泥设施设计计算规程》ATV-A 131,包含了依据 BOD_5 测定负荷设计计算硝化和反硝化活性污泥法设施的内容。2000 年版将依据 COD[①] 负荷的设计方法作为附录纳入其中。由于 BOD_5 不能完全实现污泥量和需氧量的平衡计算,而且在实践中其也不再被作为全面覆盖的检测参数,故 KA-6 专业委员会决定今后仅以 COD 为参数进行设计。尽管在 DIN 38409-41 标准中已将用于屏蔽氯化物影响的汞归类为优先控制危险物质,旨在日后将其逐步淘汰(第 2008/105/EG 号指令),但是 COD 仍是生物法设施设计和建模不可或缺的基础参数。当然,重铬酸钾作为氧化剂,它的使用也同样受到相关法规(1907/2006/EG)的限制。COD 测定方法 DIN 38409-41 标准的修订工作也正在进行中。

　　基于采用 ATV-DVWK-A 131 技术规程设计在世界范围内已有丰富的经验,因此本规程仍然保留生化池容积的静

---

　　① 本书 COD 均指 COD_{Cr}。——译者注

态设计方法,其参数可从现有运行设施和相应的动态模拟中推导得出。

　　今后,污水处理设施的负荷测定需要依照技术规程 ATV-DVWK-A 198 的有关规定进行。因此,ATV-DVWK-A 131 中删除了人口当量负荷分析的相关内容。不同停留时间下的污水初次沉淀处理效果与负荷数据是相互独立的,故本次 DWA-A 131 规程所呈现的是其结果性数据。

　　为了便于文字的阅读和理解,在本技术规程中相关的职业和功能描述词均采用阳性形式[①],所有信息不涉及性别歧视。

　　原有版本
　　ATV-DVWK-A 131(05/2000)
　　ATV-A 131(02/1991)
　　ATV-A 131(11/1981)

---

　　① 德语名词和代词有阳性、阴性、中性之分。——译者注

—— 撰写人 ——

　　本技术规程由德国水、污水和废弃物处理协会 (DWA)的"沉淀工艺专业委员会"KA-5 和"好氧生物处理工艺专业委员会"KA-6 成员编制而成,具体撰写成员如下。

"沉淀工艺专业委员会"KA-5:

ARMBRUSTER, Martin	艾尔姆布鲁斯特·马丁	工程学博士,德累斯顿
BILLMEIER, Ernst	贝利木艾尔·恩斯特	教授、工程学博士,巴伐利亚戈梅因
BORN, Winfried	波尔恩·温福瑞德	工程学博士,威尔玛市(主席)
DEININGER, Andrea	达宁格尔·安德里亚	教授、工程学博士,蒂根多夫市(副主席)
GÜNTHERT, F. Wolfgang	古恩特尔特·F. 沃尔夫岗	教授、工程学博士,纽必堡
JANZEN, Michael	简采恩·米歇埃尔	工程学博士,奥登堡
JARDIN, Norbert	加尔丁·罗伯特	教授、工程学博士,埃森
KELLER, Steffen	凯乐·施特芬	工程学硕士,柏林
KEUDEL, Lars	考德乐·拉尔斯	工程学博士,沃尔夫斯堡
KREBS, Peter	凯尔博斯·裴特	教授、工程技术科学博士,德累斯顿
LAURICH, Frank	拉奥瑞希·弗兰克	工程学硕士,汉堡
RESCH, Helmut	瑞舍·海尔姆特	工程学博士,维森伯格

| RÖLLE, Reinhold | 罗尔·瑞恩赫尔德 | 工程学博士,斯图加特 |
| SCHULZ, Andreas | 舒尔茨·安德里茨 | 教授、工程学博士,埃森 |

"好氧生物处理工艺专业委员会"KA-6:

ALEX, Jens	阿莱克斯·简斯	工程学博士,马格德堡
ALT, Klaus	阿尔特·克劳奥斯	工程学硕士,杜塞尔多夫
BOLL, Reiner	波尔·莱尔	工程学博士,汉诺威
DIEHM, Boris	蒂姆·鲍瑞斯	工程学硕士,斯图加特
JARDIN, Norbert	嘉鼎·罗伯特	教授、工程学博士,埃森
KOLISCH, Gerd	考力士·盖尔德	工程学博士,乌珀塔尔
KÜHN, Volker	库恩·沃尔克	工程学博士,德累斯顿
LEMMER, Hilde	莱姆尔·赫立德	教授、自然科学博士,奥格斯堡
MATSCHE, Norbert	玛察尔·罗伯特	大学教授(退休)、工程学硕士、理工学博士,维也纳
PINNEKAMP, Johannes	宾卡姆·乔纳恩斯	大学教授、工程学博士,亚琛
ROSENWINKEL, Karl-Heizn	罗斯温克里·卡尔-海恩茨	教授、工程学博士,汉诺威
SCHREFF, Dieter	施瑞夫·迪特尔	工程学博士,伊尔森伯格
TEICHGRÄBER, Burkhard	塔尔希戈瑞博·布尔克哈德	教授、工程学博士,埃森(主席)

客座参与人员:

| FRÖSE, Gero | 弗洛舍·戈尔 | 工程学硕士,克姆灵根 |
| HETSCHEL, Martin | 海察哈尔·马丁 | 工程学硕士,埃森 |

德国水、污水和废弃物处理协会联邦办事处项目主管:

| WILHELM, Christian | 威尔海尔姆·克瑞斯丁 | 工程学博士,亨内夫,水、废弃物管理部门 |

━ 目 录 ━

插图目录

━━ 表格目录 ━━

使用说明

　　本技术规程是荣誉性的,是科学技术和经济领域专家等通力合作的成果,是依据现行的相关规定(德国水、污水和废弃物处理协会章程、业务规则和工作表 DWA-A 400)制定而成。因此,本技术规程内容准确、可靠,并且得到普遍认可。

　　每个人均可自由使用本技术规程。但在使用中,还要履行法律或行政规定、合同或其他法律规定的义务。

　　本技术规程是以专业方式解决问题的重要知识来源,但不是唯一的来源。在使用过程中,使用者要为自己的行为负责,将本规程应用到合适的实际情况中。特别是正确使用本技术规程所涉及的相关注意事项。

应用范围

1.1 目　标

　　依照本技术规程推荐的设计值,城镇污水采用一段活性污泥法处理后,可以满足或优于《污水处理条例》(AbwV)中附录 1 的要求和相关检测的规定。尽管欧盟相关条例与德国不尽相同,但是同样也能够满足欧盟针对城市污水制定的相关条例(91/271/EG)的要求。若排水管网中含有较多生物难降解或不可生物降解有机物的商业或工业污水,则其处理后出水中剩余 COD 含量会高于生活污水的情况。本技术规程同样适用于耗水当量小和/或外来水流入量少的地区。

　　本技术规程汇总了用于选择最合适的除碳、除氮、除磷工艺以及重要构筑物/装置设计的技术规则。本技术规程中不涉及曝气设备的选型和设计。

　　由于本技术规程同样用于德国以外的地区,而且当地在相关水法执行中可能会提出更严格的要求,因此本技术规程并不完全拘泥于遵守《污水处理条例》(AbwV)附录 1 中对氮监测值的规定。

　　污水处理厂的规划设计应与水法、建设、运行要求以及流域敏感性相协调,设施单元数量和备用均要与较高的运行可靠性及运行安全相适应。

按照本技术规程设计的设施,其安全运行的一个先决条件是雇佣具有足够能力、训练有素并长期接受专业培训的操作人员,请见《城市污水处理设施运营人员要求》(ATV-M 271)。建议运营人员从一开始就参与设计过程。

1.2　适用范围

本技术规程原则上适用于一段活性污泥设施的设计。鉴于小型污水处理设施的特殊性,其设计请参阅德国水协相关规定和须知(DWA-A 222、DWA-A 226 和 DWA-M 221)。

采用本技术规程时应注意:生物污水处理所要求的污泥量规定,见本技术规程第 5 部分末尾的内容。本技术规程除了用于带有沉淀池的一段活性污泥工艺设计计算之外,也可用于其他一段活性污泥工艺,例如膜生物反应器或序批式活性污泥工艺。

本技术规程主要适用于生活污水,以及经过生物处理后微生物适应性和处理效能与生活污水接近的商业或农业污水。

公式符号	单位	说　　　明
A_{NB}	m^2	二沉池的表面积
A_{ZD}	m^2	二沉池进水口的横截面积
a	—	刮泥机刮泥臂的数量
$B_{R.COD}$	$kg/(m^3 \cdot d)$	COD 容积负荷
b	d^{-1}	衰减系数
b_{NB}	m	矩形二沉池的宽度
b_{SR}	m	矩形二沉池的刮泥板或横梁的长度
D_{NB}	m	二沉池直径
EW	E	人口数量
F_D	—	密度弗汝德系数
F_T	—	内源呼吸的温度系数
f_A	—	颗粒性 COD 中的惰性部分
f_B	—	无机物占可过滤物质(灼烧残渣)的比例
f_C	—	碳呼吸的负荷系数
f_{COD}	—	易降解 COD 占可降解 COD 的比例
f_{int}	—	间歇式曝气工艺的曝气增加系数
f_N	—	氮负荷冲击影响系数

（续表）

公式符号	单位	说　　明
f_r	—	污泥厌氧消化液回流氮负荷系数
f_S	—	溶解性 COD 中惰性物质百分比
f_{SR}	—	刮泥系数，取决于刮泥机的类型
G	s^{-1}	搅拌速度梯度 G 值
g	m/s^2	重力加速度（9.81 m/s^2）
h	m	池高度/深度
h_a	m	至集水水渠边的距离
h_e	m	进水口深度
h_{ges}	m	二沉池在半径 2/3 处的总深度（高度）
h_{Rand}	m	池边深
h_{SR}	m	刮泥板高度
h_1	m	清水区和回流区深度
h_4	m	二沉池浓缩和排泥区深度
h_{23}	m	二沉池过渡区和缓冲区的深度（原 h_2 和 h_3）
SVI	L/kg	污泥体积指数
l	m	间距
l_B	m	链板式刮泥机刮泥板长度
l_{NB}	m	矩形二沉池长度
l_{SR}	m	刮泥板在排泥点可下降的距离
l_W	m	刮泥机行程距离
$M_{TS,BB}$	kg	曝气池中固体物质的总量
OV_C	mg/L	与污水流入量有关的碳物质去除耗氧量

（续表）

公式符号	单位	说　　明
$OV_{C, D}$	mg/L	反硝化过程折算需氧量（通过硝酸盐提供的除碳耗氧量）
$OV_{C, D, vg}$	mg/L	前置反硝化折算需氧量浓度
$OV_{C, la}$	mg/L	易降解 COD 和外部投加碳源的需氧量
$OV_{C, la, int}$	mg/L	间歇式反硝化工艺在反硝化期间外部投加碳源的需氧量
$OV_{C, la, vorg}$	mg/L	前置反硝化工艺易降解 COD 和外部投加碳源的需氧量
OV_d	kg/d	日耗氧量
$OV_{d, C}$	kg/d	除碳日耗氧量
$OV_{d, C, aM}$	kg/d	除碳年日平均耗氧量
$OV_{d, D}$	kg/d	考虑了反硝化作用的除碳日耗氧量
$OV_{d, N}$	kg/d	硝化反应的日耗氧量
OV_h	kg/h	小时耗氧量
$OV_{h, aM}$	kg/h	年平均小时耗氧量
$OV_{h, max}$	kg/h	小时最大耗氧量
$OV_{h, min}$	kg/h	小时最小耗氧量
oTS	mg/L	有机固体干物质含量
P_E	Nm/s	二沉池刮泥机中心输入轴功率
PF	—	硝化反应系数
Q	m³/h	流量、体积流量、通过量
$Q_{d, Konz}$	m³/d	用于计算负荷浓度的额定日流量
Q_K	m³/h	短流流量

（续表）

公式符号	单位	说　　明
Q_M	m^3/h	合流或分流制系统在雨天的设计流量
Q_{RS}	m^3/h	污泥回流流量
Q_{RZ}	m^3/h	前置反硝化的内回流流量
Q_{SR}	m^3/h	刮泥体积流量
$Q_{T, aM}$	L/s	旱天年平均排放水量
$Q_{T, 2h, max}$	m^3/h	旱天最大 2 h 平均排放水量
$Q_{\ddot{U}S, d}$	m^3/d	剩余污泥日排放量
q_A	m/h	表面负荷（初沉池或二沉池）
$q_{A, VKB}$	m/h	初沉池的表面负荷
q_{sv}	$L/(m^2 \cdot h)$	污泥体积负荷，对应 A_{NB}
RF	—	在前置反硝化时的内回流比
RV	—	回流比
SF	—	硝化细菌增长速率的安全系数
T	℃	曝气池内水温
T_{aM}	℃	曝气池内年平均水温
T_{Bem}	℃	设计计算的曝气池水温
$T_{\ddot{u}w}$	℃	氮监测规定的污水温度
T_W	℃	冬季污水温度，$T_W < T_{Bem}$
TS①	kg/m^3	干物质含量
$TS_{BB, A}$	kg/m^3	曝气池出水中的干物质含量
TS_{BB}	kg/m^3	曝气池中的干物质含量

———————————

① 经规定干燥处理后的物质含量。

(续表)

公式符号	单位	说　　明
$TS_{BB,Kask}$	kg/m^3	多级反硝化曝气池平均干物质含量
TS_{BS}	kg/m^3	二沉池底部污泥中的干物质
TS_{RS}	kg/m^3	回流污泥干物质含量
$TS_{\ddot{U}S}$	kg/m^3	剩余污泥干物质含量
t_E	h	二沉池中污泥浓缩所需要的时间
t_D	h	间歇式反硝化工艺的反硝化时间
t_N	h	间歇式工艺的硝化时间
t_R	h	停留时间
t_S	h	刮泥板的升降时间
t_{SR}	h	刮泥时间间隔
t_T	h	间歇式工艺的周期时间
t_{TS}	d	污泥泥龄,对应曝气池容积 V_{BB}
$t_{TS,aerob}$	d	好氧污泥泥龄,对应曝气池硝化容积 V_N
$t_{TS,aerob,Bem}$	d	硝化池设计好氧污泥泥龄
$T_{TS,Bem}$	d	曝气池设计污泥泥龄
$\ddot{U}S_d$	kg/d	日污泥产量(固体)
$\ddot{U}S_{d,C}$	kg/d	日碳去除污泥产量
$\ddot{U}S_{d,P}$	kg/d	日除磷污泥产量
u	m/s	水平流速
V_{BB}	m^3	曝气池容积
V_{BioP}	m^3	生物除磷的厌氧池容积
V_D	m^3	反硝化池容积

(续表)

公式符号	单位	说　明
$V_{D, vg}$	m^3	前置反硝化池容积,对应前置、同步/间歇式脱氮的工艺流程
V_E	m^3	进水端的容积
V_N	m^3	曝气池硝化部分的容积
V_{Sel}	m^3	好氧选择池容积
V_4	m^3	二沉池浓缩区和排泥区的容积
V_{23}	m^3	二沉池过渡区和缓冲区的容积
VSV	L/m^3	污泥沉降比($VSV = TS_{BB} \cdot SVI$)
v_E	m/h	二沉池进水口流速
$v_{Rück}$	m/h	刮泥机的反向行进速度
v_{SR}	m/h	刮泥机行进速度(圆形二沉池为池边处)
x_i	—	多级反硝化过程中污水一级进水量占总进水量的比值
Y	g/g	污泥产率系数(降解每克 COD 形成的生物量 COD 克数)
$Y_{COD, dos}$	g/g	外加碳源的污泥产率系数
aOC	kg/h	在 $C_x = 0$,$T = 20 \ ℃$,$p = 1.013 \ hPa$ 的条件下,曝气装置的供氧量
η_D	—	反硝化效率
μ	Ns/m^2	活性污泥的粘滞系数
$\mu_{A, max}$	d^{-1}	15 ℃时自养微生物的最大比生长率
ρ	kg/m^3	环境流体的密度
ρ_0	kg/m^3	活性污泥的密度

化学元素与化合物说明

参数	单位	说　　明
Al^{3+}	—	三价铝
BOD	—	生化需氧量
BOD_5	—	5 日生化需氧量
C	—	碳
$CaCO_3$	—	碳酸钙
CO_2	—	二氧化碳/碳酸
COD[①]	—	化学需氧量
Fe^{2+}	—	二价铁
Fe^{3+}	—	三价铁
$FePO_4$	—	磷酸铁
KN	—	凯氏氮($KN = org. N + NH_4\text{-}N$)
Me^{3+}	—	三价金属离子
N	—	氮
$NH_4\text{-}N$	—	铵氮
$NO_3\text{-}N$	—	硝态氮
O_2	—	氧气
P	—	磷

　　无附加说明的浓度,适用于 24 h 的混合样。2 h 样品为 2 h 时间间隔内的抽样样品平均浓度,下注 SP。

---

① 本书中 COD 均指 COD_{cr}。

参数说明

参数	单位	说　明
C_{xxx}	mg/L	均质化样品中参数 XXX 的浓度
$C_{XXX,SP}$	mg/L	均质化抽样品中参数 XXX 的浓度
S_{xxx}	mg/L	过滤后（0.45 μm 膜过滤器）样品中参数 XXX 的浓度（溶解部分）
X_{xxx}	mg/L	过滤截留物浓度（颗粒部分），$X_{xxx} = C_{xxx} - S_{xxx}$

常用参数

参数	单位	说　明
C_{COD}	mg/L	均质样品中的 COD 浓度
$C_{COD,abb}$	mg/L	均质样品中可降解的 COD 浓度
$C_{COD,la}$	mg/L	均质样品中易降解的 COD 浓度
$C_{COD,dos}$	mg/L	改善反硝化的外加碳源增加 COD 的浓度
C_{KN}	mg/L	均质样品中凯氏氮浓度（KN = org. N + NH_4-N）
C_N	mg/L	均质样品中总氮的浓度，以氮计
C_p	mg/L	均质样品中磷的浓度，以磷计
S_{anorgN}	mg/L	无机氮的浓度，$S_{anorgN} = S_{NH_4} + S_{NO_3} + S_{NO_2}$
S_{COD}	mg/L	0.45 μm 过滤样品中溶解的 COD 浓度
$S_{COD,abb}$	mg/L	溶解性可降解的 COD 浓度
$S_{COD,inert}$	mg/L	溶解性惰性 COD 浓度
S_{KS}	mmol/L	碱度
S_{NH_4}	mg/L	过滤后的样品中铵态氮的浓度，以氮计

（续表）

参数	单位	说　明
S_{NO_2}	mg/L	过滤后的样品中亚硝态氮的浓度,以氮计
S_{NO_3}	mg/L	过滤后的样品中硝态氮的浓度,以氮计
$S_{NO_3, D}$	mg/L	用于反硝化的硝态氮的浓度
$S_{NO_3, D, vg}$	mg/L	前置反硝化工艺中用于反硝化的硝态氮浓度
S_{orgN}	mg/L	溶解性的有机氮浓度
$X_{anorgTS}$	mg/L	可被过滤的无机物的浓度
$X_{anorgTS, gebildet}$	mg/L	污泥(包括沉析)中通过被过滤的无机物的浓度
X_{COD}	mg/L	颗粒 COD 浓度(过滤截留物)
$X_{COD, abb}$	mg/L	可降解颗粒 COD 浓度
$X_{COD, BM}$	mg/L	生物体的 COD 浓度
$X_{COD, inert}$	mg/L	惰性颗粒物的 COD 浓度
$X_{COD, inert, BM}$	mg/L	生物体中的惰性 COD 浓度
$X_{COD, ÜS}$	mg/L	对应污水进水水量的剩余污泥 COD 浓度
$X_{orgN, BM}$	mg/L	生物体中的有机氮浓度
$X_{orgN, inert}$	mg/L	与惰性颗粒物结合的有机氮浓度
X_{orgTS}	mg/L	可被过滤的有机物的浓度
$X_{P, BioP}$	mg/L	生物除磷过程中生物结合的磷浓度
$X_{P, BM}$	mg/L	生物体中的磷浓度
$X_{P, Fäll}$	mg/L	化学沉析除磷的磷浓度
X_{TS}	mg/L	用 $0.45\ \mu m$ 膜过滤截留物,经 105 ℃ 干燥后截留物的浓度

特征负荷值

参数	单位	说　明
$B_{d, XXX}$	kg/d	物质 XXX 的日负荷
$B_{d, XXX, 2wM}$	kg/d	物质 XXX 的 2 周日均负荷
$B_{h, XXX}$	kg/h	物质 XXX 的每小时负荷
$B_{h, XXX, dM}$	kg/h	物质 XXX 的日均每小时负荷
$B_{2h, XXX}$	kg/h	2 h 间隔的小时负荷
$B_{2h, XXX, max}$	kg/h	2 h 间隔的最大小时负荷

取样地点或目的指标(始终以最新数值为准)

索引	说　明
AB	从曝气池的出水口处提取的样品,如 $S_{NO_3, AB}$
AN	从二沉池排水口处提取的样品,如 $C_{COD, AN}$、$X_{TS, AN}$
BB	曝气池
NB	二沉池
ÜS	从剩余污泥中提取的样品
ÜW	监测数值
VKB	初沉池
Z	从污水处理设施进水口处提取的样品,如 $C_{COD, Z}$、$X_{TS, Z}$
ZB	从曝气池进水口处提取的样品,特定情况下从厌氧混合池进水口处提取的样品,如 $C_{COD, ZB}$,包括至生物反应器的进水口

3.1 基本条件

活性污泥工艺是由带有曝气系统的曝气池和带有污泥回流系统的二沉池所构成的一个工艺技术单元。

活性污泥的沉降性能是以污泥体积指数(SVI)来衡量的,其与活性污泥的干物质含量(TS_{BB})共同决定着二沉池和曝气池的大小。污泥体积指数与污水特性、曝气池的构造形式和污泥泥龄直接相关。完全混合式的曝气池通常有较高的污泥体积指数,与具有浓度梯度的池型(如多级串联池型、推流式池型)相比,完全混合式更容易导致丝状细菌生长。特别是在污水中易降解有机物比例较高的情况下,在前段设置一个选择池对抑制丝状菌生长是很有帮助的,详见图1。除在仅以除碳为目标的设计中,好氧选择池的容积可计为曝气池容积的一部分外,除磷的厌氧池(V_{BioP})或选择池(V_{Sel})的池容积均不应计入曝气池总容积(V_{BB})。

但必须要说明的是,选择池并非在任何情况下都能控制所有丝状微生物的生长。

图1所示带有前置脱氮的工艺,均可被其他的脱氮工艺

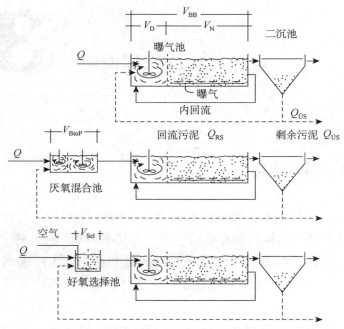

图 1　不带与带有用于除磷前置厌氧混合池和好氧选择池的
生物脱氮活性污泥法标准流程图

和带有好氧选择池或厌氧混合池（与只用于除碳的曝气池相
连的）工艺所替代。

污泥泥龄（t_{TS}）是曝气池设计参数，是指污泥絮体在曝气
池中的平均停留时间。定义为曝气池中总污泥干物质含量
（$V_{BB} \cdot TS_{BB}$）与每日平均产生污泥（或每日排放污泥）的干物
质含量之比。

若曝气池设有缺氧区进行反硝化（V_D），则好氧污泥泥龄
（$t_{TS, aerobic}$）的定义为曝气池好氧段（$V_N = V_{BB} - V_D$）的污泥干

物质含量与每日产生污泥干物质含量之比。

二沉池出水口的剩余污染物,大部分是由溶解物质和胶体物质导致的,其余部分则是出水中的悬浮活性污泥,其含量取决于活性污泥混合液在二沉池中的分离效率。二沉池出水中可过滤物质浓度[①]每增加 1 mg/L,出水中相应污染物浓度增加值如下:

C_{COD} 为 0.8 mg/L~1.4 mg/L;

C_{N} 为 0.04 mg/L~0.1 mg/L;

C_{P} 为 0.012 mg/L~0.04 mg/L。

上述低值适用于较高的固体物浓度(=排除的活性污泥),高值适用于较低固体物浓度(=自由漂浮的微生物)。

3.2 曝气池

采用活性污泥工艺对污水进行净化处理,曝气池在工艺技术、运营管理和经济性方面应满足如下要求:

■ 要保证能够积累足够的生物量,以活性污泥干物质含量计(TS_{BB});

[①] 德国将 SS 分为可过滤物质(Abfiltrierbare Stoffe)和可沉淀物质(Absetzbare Stoffe),按照德国工业标准 DIN4045:

可过滤物质浓度——水中不溶解物质的浓度。其在特定条件下经过滤、干燥后称重测定。可过滤物质可以是沉降的、漂浮的和悬浮的有机、无机物质。

可沉淀物质浓度——水中不溶解物质的浓度,或者体积占比。其是在一个沉淀容器中,在规定时间内沉淀的物质量,单位为 mg/L 或 mL/L。——译者注

■ 要保证有足够的供氧量,以满足氧的消耗需要,并保证供氧具有可控性,以能适应不同的运行方式和负荷条件;

■ 要保证充分的搅拌,以避免污泥在池底沉积;在曝气池中通常通过曝气来满足,必要时由搅拌装置予以辅助;关于最低搅拌速度和搅拌器所需输入功率的进一步信息请见德国水协工作手册 DWA-M 229-1 和 DWA-M 229-2;

■ 避免产生气味、气溶胶、噪声和振动等不良影响。

出于脱氮的目的,曝气池可以采用不同池型及运行方式,详见图 2。这些方式的特点如下(参见 ATV 1997a:5.2.5 和 5.3.2),但是均必须严格遵守上述要求。

前置反硝化

多级反硝化

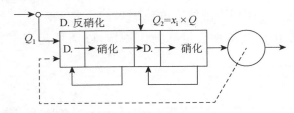

同步反硝化

交替式反硝化

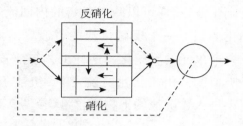

间歇式反硝化

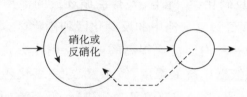

后置反硝化

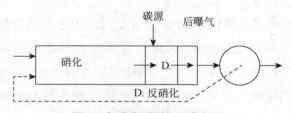

图2 各种类型脱氮工艺框图

■ **前置反硝化:**污水、回流污泥和内回流一并在反硝化池中混合,反硝化池和硝化池都可设计成多级形式。为了增加操作的灵活性,反硝化池水流方向的最后一级也可设置曝气装置。内回流比应被限制在必要的范围内,以尽量减少过高溶解氧对反硝化的不利影响。

■ **多级反硝化:**两个或两个以上的曝气池,每个曝气池都设有前置或同步反硝化,构筑物串联相接。进水污水可分配进入各个反硝化池,这样可以减少各自的内回流。但是,如果前一个硝化池到下一个反硝化池的过渡区溶解氧过高,就会影响下一个单元的反硝化。这种工艺与前置反硝化的脱氮作用是类似的。由于污水分流,第一组池子的污泥干物质含量高于进入二沉池的干物质含量(参见 ATV 1997a:5.2.5.4)。

■ **同步反硝化**:实际上,只有在循环流的池型中才能实现,水流反复经过曝气池中的反硝化区和硝化区。同步反硝化可被视为一种内回流比很高的前置反硝化方式。曝气的调节应可以依据硝态氮浓度、铵态氮浓度、氧化还原电位的拐点(氧化还原拐点)或溶解氧含量进行;循环流的池型在稀释效果方面接近完全混合池。

■ **交替式反硝化**:两个间歇式曝气的水池先后交替进水,从不曝气的反硝化池进水,然后进入硝化的曝气池,再由此出水至二沉池。进水时间、反硝化和硝化时间通常是事先设定的。硝化阶段结束时的高溶解氧会影响后续反硝化作用,其混合状况介于完全混合式和推流式之间。

■ **间歇式反硝化**:在同一个池子中交替进行硝化和反硝化,各个阶段的持续时间可以用计时开关预设,或通过预先设定的参数,如依据硝态氮含量、铵氮含量、氧化还原电位拐点或需氧量等变化予以调整。硝化阶段结束后的高溶解氧含量会影响后续反硝化反应。间歇反硝化工艺的反应池一般被认为是完全混合池。

■ **后置反硝化**:若污水的 C/N 比很低,需要投加较大量的外部碳源。反硝化池可设置在硝化池之后,为了保证出水水质达标,其后应再设一曝气的好氧池。

为了更好地利用进水中易降解的 COD,也出现了一些组合工艺。比如,在同步或在间歇反硝化设施前加设反硝化池。

除上述工艺外,也有一些特殊的脱氮工艺,其中部分工艺已获得专利授权(参见 ATV 1997a:5.2.5)。

德国水协工作手册 DWA-M 268 中规定了脱氮活性污泥工艺和设备自动化的具体要求。关于 O_2 检测和相应检测设备的详细信息请见德国水协工作手册 ATV-DVWK-M 265 和 DWA-M 256-2;有关氮的检测设备详细信息请见德国水协工作手册 DWA-M 269。

序批式活性污泥法(SBR)也适用于脱氮,相关阐释请见德国水协工作手册 DWA-M 210 和 ATV(1997a:5.3.3)等。

为了有针对性地进行生物除磷,应在每个或多个曝气池的前端设置一座污水和回流污泥在其内进行混合的厌氧池(参见 ATV 1997a:5.2.6 和 5.3.2 图 1)。若将厌氧池设计成多级形式,因回流污泥中的硝酸盐可在第一个池内被去除,而其他池内则完全处于厌氧状态,故有助于生物除磷效率的提高(参见 ATV 1997a:5.2.5.4,5.2.6)。大多数采用生物除磷的设施都同时设有同步化学沉析除磷[①]设施。药剂

---

① 按照德国工业标准 DIN4045,化学沉析——通过投加化学物质,将污水中的溶解性物质转化为非溶解性物质的化学过程。化学除磷就是投加化学药剂后,溶解性磷酸盐转化为非溶解性磷酸盐的过程。——译者注

投加量应尽可能可控。

在许多用于除氮的活性污泥法设施中,即使没有前置厌氧池,也能观察到显著的生物除磷现象。

使用生物除磷的原因可归纳为:

■ 节约化学药剂;

■ 减少因化学除磷而产生的剩余污泥量;

■ 改善磷回收的条件;

■ 保持碱度;

■ 降低水体的含盐量;

■ 减少对环境的影响(如减少药剂运输)。

对生物除磷有利的条件是:

■ 厌氧混合池的进水中的易降解有机物(有机酸)与磷的比例较高;

■ 厌氧混合池进水中的溶解氧含量低;

■ 厌氧混合池进水中的硝态氮较少(例如来自脱氮污水处理设施的回流污泥中含量少);

■ 将厌氧混合池设计为多级串联形式,其中回流污泥中的硝态氮在第一个池中被反硝化。

一般当污泥泥龄较短时,生物除磷通常效果良好。较短的污泥泥龄会产生更多可以储存磷酸盐的剩余污泥。但是最小污泥泥龄受限于硝化反应的需要。

在仅以除碳为目的时,若要进行生物除磷,其污泥泥龄 t_{TS} 至少为 2~3 天。

多年生物除磷的经验表明,特别是在采用污泥厌氧消化处理时,厌氧消化池下游的设施段会经常形成磷酸铵镁结晶

（MAP沉淀）物，同时也会导致污泥脱水性能的恶化。

3.3 二沉池

二沉池的主要任务是进行生物处理后的活性污泥与污水的分离。

按照运行方式，可分为水平流和垂直流二沉池；按照池型构造，可分为圆形二沉池和矩形二沉池。

活性污泥设施的负荷能力主要取决于活性污泥干物质量和曝气池的容积。而曝气池中是否有足够的活性污泥干物质量，则在根本上取决于水力负荷条件变化下的二沉池运行能力、污泥体积指数、污泥排泥方式及污泥回流方式。

二沉池的设计、建造、安装应满足以下要求：

■ 能够通过沉淀，将活性污泥从处理后的污水中分离出来；

■ 能够对沉淀的活性污泥进行浓缩，并回流到曝气池中；

■ 能够临时储存因水量增加从曝气池冲出，使二沉池短时增加的活性污泥。

在曝气池中，生化过程占主导地位。而在二沉池中，水流状态是决定性的因素，例如混合情况、密度流、稳定流和势能流等。此外，二沉池还会发生凝聚和絮凝。

二沉池的性能受进水区的凝聚、絮凝情况、进水口的进水量、二沉池的流动条件（其取决于进水区和出水区的结构形式、密度流情况）、污泥回流比大小、刮泥机形式和排泥过程等的影响。在池底以上污泥区中汇集的沉淀污泥,其可达到的浓缩效果则取决于污泥性质、污泥区深度、浓缩时间和刮泥排泥形式等因素。

活性污泥由曝气池转移到二沉池中,二沉池必须能够接受这些从曝气池排出的污泥。故二沉池应有足够大的储存空间、高效的刮排泥系统和能力合适的回流污泥系统。

经沉淀和浓缩后的污泥应能够自流,或由刮泥设备输送至污泥排放口,或由吸刮泥机上的吸泥设备排出。

3.4 设计流程

由于多种因素的相互影响,活性污泥设施的设计计算是需多次循环进行的,设计计算流程详见图 3。图中所示的计算路径是一次计算运行路径,之后可能需要依据计算结果,采用新的假定再重复计算。

建议采取如下设计计算步骤:

1. 设计负荷确定,请见本技术规程第 4 章。

2. 工艺选择:若需要脱氮,必须先决定采用哪种硝化/反硝化工艺;此外,还必须确定前端是否要设置选择池用于改善沉淀特性,或是否要设置厌氧池用于生物除磷。

3. 按照污水处理厂设计能力和必要的进水波动变化,合理确定所需的硝化反应系数(PF);针对单纯用于硝化反应的设施,其好氧污泥泥龄必须考虑设计温度;但是不适用于组合好氧污泥稳定。

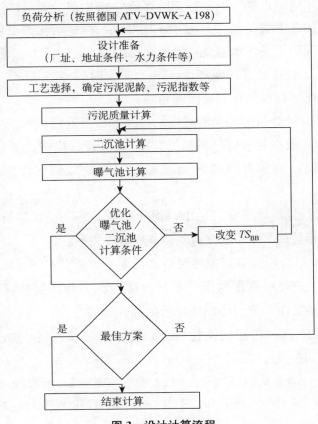

图3 设计计算流程

4. 按照污水处理厂设计能力和进水波动变化,合理确定所需的硝化反应系数(PF);对于带有硝化的设施,其好氧污泥泥龄($t_{TS, aerob, Bem}$)必须考虑设计温度;带有好氧污泥稳定化工艺,则可不考虑上述要求。

5. 对于同时涉及硝化、反硝化的工艺,必须确定所需的反硝化设施占曝气池总容积的比例(V_D/V_{BB})，同时计算出相应的污泥泥龄($t_{TS, Bem}$)；对于采用好氧污泥稳定化的工艺，也必须依照相关污水温度选择污泥泥龄。

6. 分析计算污泥产量($\ddot{U}S_d$)，必要时应考虑除磷作用和反硝化过程投加外部碳源的影响。

7. 计算与污泥泥龄对应的污泥干物质量($M_{TS, BB}$)。

8. 依据污水成分和工艺类型，确定设施构造特征（例如是否设置前置好氧选择池或厌氧混合池），假定污泥体积指数。

9. 分析计算曝气池中污泥干物质量(TS_{BS})，其与污泥体积指数(SVI)和浓缩时间(t_E)是函数关系。

10. 分析计算回流污泥中的污泥干物质量(TS_{RS})，其取决于二沉池底富集的污泥干物质量(TS_{BS})和因所选择的刮泥设备排泥产生的体积流导致的稀释效果。

11. 选择污泥回流比(RV)，并估算活性污泥干物质量(TS_{BB})。

注：活性污泥浓度对曝气池和二沉池的容积影响是相反的，曝气池的容积随 TS_{BB} 增大而减小，而二沉池的表面积以及深度则随 TS_{BB} 的增加而增大。

12. 依据允许的二沉池表面负荷(q_A)或污泥体积负荷(q_{SV})计算其表面积(A_{NB})。

13. 依据二沉池各功能区深度，分析计算二沉池总深度及其他参数。

14. 计算曝气池容积。

15. 必要时，计算用于生物除磷的厌氧混合池容积。

16. 计算前置反硝化工艺所需的内回流,或间歇式反硝化工艺的循环时间。

17. 按照设计确定曝气装置,分析计算相应的需氧量,设计确定曝气装置。

18. 在考虑氨化、硝化、反硝化、化学除磷、氧利用率和曝气头深度的情况下,验算剩余碱度或碱液的投加量。

19. 必要时,计算用于改善沉淀性能的好氧选择池容积。

设计参数可依据数学模型和经验设定,其中部分参数也可从现场试验中取得。

设计基础 4

4.1 负荷的分析计算

负荷应依据德国 ATV-DVWK-A 198 的规定确定。

污水管网和污水处理设施构成污水系统的一个整体,污水处理设计与运行流量应与污水管网输送流量相匹配。

从进水口至生物设施段,以下的参数是设计必须的,必要时还应包括污泥处理和其他(冲洗水、通风冷凝水等)过程产生的回流水:

■ 设计最低和最高污水温度,依据 2～3 年内的 2 周水温平均过程线图确定;

■ 设计有机负荷($B_{d, COD}$),包括可过滤物质负荷($B_{d, x, TS}$)、磷负荷($B_{d, P}$)及相应的污泥产量,从而设计计算设计温度下曝气池的容积;

■ 设计污水量($Q_{d, konz}$),其一般是服务范围内多年旱天平均污水量,相应一些关键负荷均由此而来,该污水量也应用于分析计算每日剩余污泥产量($\ddot{U}S_d$)和需氧量(OV_d);

■ COD 组分数据;

■ 设计有机负荷以及氮负荷,用于最高设计温度下(一般情况)曝气系统的设计；

　　■ 设计氮浓度(C_N)和相应的有机物浓度(C_{COD})，用于反硝化硝酸盐氮的分析计算；

　　■ 设计磷浓度(Cp)，用于去除磷的分析计算；

　　■ 最大 2 h 平均旱天流量 $Q_{T, 2h, max}$，用于厌氧混合池和内回流的设计计算；

　　■ 二沉池设计流量 Q_M。

　　此外，还应确定设计出水氮和磷浓度值。

　　日均负荷只能依据体积比例，或流量比例的 24 h 混合样和相对应的日进水流量来确定。设计负荷则是依据包括雨天在内任何时间段的测定结果确定。

　　若有机负荷或/和有机负荷与氮负荷之比每年都有变化，则必须进行多种情况下的负荷调查。

　　设计浓度应依据设计负荷和相对应的污水量确定。设计负荷与服务范围平均污水温度有关，并与污泥泥龄相对应。对于硝化和反硝化而言，可简化为 2 周平均值；对于污泥稳定化而言，可简化为 4 周平均值。若由于样品数量不足（每周至少有 4 个可用的日负荷量）无法得到周平均值，则按照 85% 以上测定天数都不超过的负荷值作为设计值，但其必须采用至少 40 个负荷数值进行分析。

　　上述设计负荷和浓度的分析计算方法参见德国水协工作手册 ATV-DVWK-A 198，这些数据的分析计算是本规程生物设施设计计算的基础。

4.2　化学需氧量的组分

依据德国水协工作手册 ATV-DVWK-A 198 的规定，生物段设计的关键参数是化学需氧量 COD，它的本质性体现了污泥产量、需氧量及反硝化程度的情况。

生物设施进水 COD 可分为溶解性部分（S）和颗粒性部分（X），详见图 4。需要注意的是：所有浓度都应与进水水量相匹配，包括 OV_C、$X_{COD,ÜS}$ 等参数的分析计算。进水化学需氧量为：

$$C_{COD,ZB} = S_{COD,ZB} + X_{COD,ZB} \quad [mg/L] \quad (1)$$

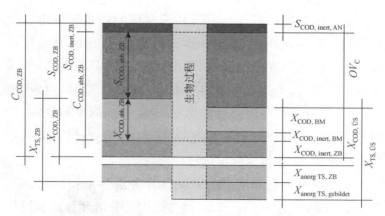

图 4　生物处理中 COD 和可滤物质的变化（原理图）

溶解性和颗粒性物质都包含有可降解组分和惰性组分：

$$C_{COD, ZB} = S_{COD, abb, ZB} + S_{COD, inert, ZB} + X_{COD, abb, ZB} + X_{COD, inert, ZB} \quad [mg/L] \quad (2)$$

溶解性的惰性组分可近似等同于二沉池出水中溶解性的 COD 浓度：

$$S_{COD, inert, ZB} = S_{COD, abb, AN} = S_{COD, AN}$$
$$= f_S \cdot C_{COD, ZB} \quad [mg/L] \quad (3)$$

溶解性的惰性 COD 占总 COD 的比例 f_s 为 $0.05 \sim 0.1$。若没有实际测定值，对城市污水建议取 $f_s = 0.05$。颗粒性 COD 的惰性部分也应计入总颗粒性 COD：

$$X_{COD, inert, ZB} = f_A \cdot X_{COD, ZB}$$
$$= f_A \cdot (C_{COD, ZB} - S_{COD, ZB}) \quad [mg/L] \quad (4)$$

依据污水的类型和初沉池的停留时间，f_A 为 $0.2 \sim 0.35$。对于城市污水建议取 $f_A = 0.3$。

可降解的 COD($C_{COD, abb, ZB}$)可依下式计算：

$$C_{COD, abb, ZB} = C_{COD, ZB} - S_{COD, inert, AN} - X_{COD, inert, ZB} \quad [mg/L] \quad (5)$$

对于非典型城市污水和工业污水，建议应进行长期的 BOD 测试，以确保 f_A 和可降解 COD 值的准确性（参见 ROELEVELD & VAN LOOSDREGHT，2002；GILLOT & CHOUBERT，2010）。对于低污泥负荷情况，可以采用呼吸法测定可生物降解的 COD（参见 LAGARDE 等人，2005），于是进水中颗粒性惰性 COD 的值可以通过公式(2)进行差值计算得出。

可降解的 COD 中含有对反硝化和生物除磷十分重要的易降解成分,计算方法如下:

$$C_{COD, la, ZB} = f_{COD} \cdot C_{COD, abb, ZB} \quad [mg/L] \quad (6)$$

一般情况下,f_{COD} 值为 0.15~0.25。

易降解的 COD($C_{COD, la, ZB}$)可以通过呼吸法测定(参见 HENZE,1995;CHOUBERT,2013)。另外,城市污水 COD 也可采用 0.1 μm 膜过滤后测定,其值与出水中溶解性的 COD 之差约等于 $C_{COD, la, ZB}$(参见 ROELEVELD & VAN LOOSDREGHT,2002)。

若有规律地投加外部碳源以改善反硝化效果,应在污泥产量中考虑这些碳源投加量产生的污泥。

进水中的可过滤物质($X_{TS, ZB}$)包含有机物和无机物组分,后者不计入 $C_{COD, ZB}$(详见本规程图 4)。

$$X_{TS, ZB} = X_{orgTS, ZB} + X_{anorgTS, ZB} \quad [mg/L] \quad (7)$$

或

$$X_{anorgTS, ZB} = f_B \cdot X_{TS, ZB} \quad [mg/L] \quad (8)$$

f_B 的值可取为 0.2~0.3(灼烧减量 70%~80%),f_B 相当于颗粒性物质的灼烧残留物。若没有检测值,建议:进厂污水可取 $f_B = 0.3$,初沉池出水可取 $f_B = 0.2$。

颗粒性 COD(可过滤物质的 COD)通常可不测定,可依下式计算:

$$X_{COD, ZB} = C_{COD, ZB} - S_{COD, ZB} \quad [mg/L] \quad (9)$$

若 $S_{COD,ZB}$ 是未知的,但有 $X_{TS,ZB}$ 的检测值,则有机干物质中的颗粒性 COD 可按 1.6 g COD/g oTS 估算。即:

$$X_{COD,ZB} = C_{COD,ZB} - S_{COD,ZB}$$
$$= X_{TS,ZB} \cdot 1.6[1-f_B] \quad [mg/L]$$
(10)

生物处理后,二沉池出水中的 COD 包括溶解性中的惰性 COD、未降解的可降解溶解性 COD 和可过滤物质的 COD 以及出水带出的剩余污泥 COD($X_{COD,\ddot{U}S}$),差值代表呼吸过程所消耗的氧气(OV_C)。若忽略污水中未被降解的可降解溶解性 COD,并将出水中的悬浮物质认为是剩余污泥,则可依下式计算(详见本规程图 4):

$$C_{COD,ZB} = S_{COD,inert,AN} + X_{COD,\ddot{U}S} +$$
$$OV_C \quad [mg/L]$$
(11)

因硝化反应需要较长的污泥泥龄,可假设可降解的颗粒性物质($X_{COD,abb,ZB}$)和可降解的溶解性物质($S_{COD,abb,ZB}$)被完全转化,忽略在降解过程轻微增加的惰性溶解性 COD,进水无机物 $X_{anorgTS,ZB}$(如砂子)也会结合在活性污泥中。$X_{anorgTS,gebildet}$ 则用于表示生物过程中的沉析产物(例如 $CaCO_3$)和除磷过程中的沉析产物(例如 $FePO_4$)。

市场上常见的碳源的 COD 含量详见表 1,对于其他碳源必须预先确定 COD 和相关的产泥系数 Y。须指出的是,由于反硝化菌的培育需要,甲醇只适合连续使用。

表 1 外部碳源的特点

参数	单位	甲醇	乙醇	醋酸
密度	kg/m³	790	780	1 060
C_{COD}	kg/kg	1.50	2.09	1.07
C_{COD}	g/L	1 185	1 630	1 135
$Y_{COD, dos}$	g COD_{BM}/g COD_{abb}	0.45	0.42	0.42

4.3 污泥厌氧消化处理回流负荷的影响

氮平衡是活性污泥段重要设计计算依据,总体上与流入的 COD 密切相关。来自污泥处理系统的氮取决于污泥处理系统的工艺形式,进入曝气池的总氮负荷应包括来自污泥处理系统回流的氮负荷。污泥处理系统回流的氮负荷一般可按照污水进水氮负荷的 10%～20% 计算。若污泥处理系统还含有其他污水处理厂的污泥,则回流的氮一定会增加。在设计计算中必须予以合理核算,也可依据德国水协(DWA)专业工作组报告 KEK-1.3(ATV 2000b)和本规程 5.2.2 进行估算。在设计中不但要考虑污泥处理的回流负荷,也应考虑污泥水的管控方式,例如采用回流方式,或者采用独立的污泥水生物脱氮处理。

4.4　初沉池的去除效率

一段活性污泥法设施前的初沉池用于在生物段之前去除颗粒性物质,初沉池的设置对生物处理段尺寸、污水处理能量消耗等有多方面的影响。

初沉池的停留时间越长,颗粒性物质去除率就越高,相应就会增加初沉污泥产量、厌氧消化的产气量和相应的泥量产出。与此同时,生物段的剩余污泥量也会减少,原则上也会减少生物处理设施需要的容积。但是,若追求颗粒性物质的深度去除,不但会增加初沉池停留时间,也会导致反硝化池的容积增加。此外,初沉池停留时间越长,去除的絮状物质就越多,但不利于活性污泥性能的改善。

因此,应在综合考虑对处理设施整体能量和生物设施容积影响的前提下,合理确定初沉池停留时间,并进行多方案比较。

如果生物处理段的进水设计负荷是按照德国水协工作说明 ATV-DVWK-A 198 确定的,则建议对现有初沉池不同停留时间下的沉淀效率进行测定。应依据 ATV-DVWK-A 198 的规定,检测初沉池进水和出水相关参数。建议在旱天至少进行一周的检测,采用等比例流量的 24 h 混合样品检测分析初沉池进水和出水的 C_{COD}、X_{TS}、C_{KN} 和 C_P 等参数。在合流制来水、生物段的进水负荷发生变化的情况下,检测方案也要做相应的调整。需要注意的是,在检测期间,需要确保初沉池没有来自污泥处理系统的污泥水。

若不能对现有的初沉池进水、出水相关参数进行检测，则可按表 2 选取与初沉时间有关的去除效率作为参考。初沉池停留时间是指在旱天日平均流量 $Q_{T,aM}$ 时的停留时间，并按插入法确定各中间值。

为了确保初沉池在最大流量时仍有足够高的去除效果，最大流量时的初沉池停留时间应大于 20 min。

表 2   对应于旱天日均流量 $Q_{T,aM}$ 时的停留时间的初沉池去除效率

η	对应旱天平均流量 $Q_{T,aM}$ 的停留时间		
	0.75 h～1 h	1.5 h～2 h	>2.5 h
C_{COD}	30%	35%	40%
X_{COD}	45%	55%	60%
X_{TS}	50%	60%	65%
C_{KN}	10%	10%	10%
C_P	10%	10%	10%

4.5 基于试验的生物段设计计算

模拟实际条件的试验，可对工艺方案和模型参数进行验证。对于大型污水处理厂、含有特殊性污水、采用特殊工艺的设施设计，这种试验是必须的。

试验设施应至少达到中试规模，并在实际条件下至少运行半年以上，其中包括寒冷季节。试验前，可借助动力学模

型对相关薄弱点进行模拟分析，以为后续试验提供有价值的信息。

借助试验结果，可使设计更加符合实际，也可节省运行成本。试验结果又为动态模拟提供了基础条件，从而弥补试验无法记录的数据所带来的不足。

下述部分设计参数可通过试验来确定，其中包括：

- 污泥产量；
- 与所选择污泥泥龄对应的污染物的去除效率；
- 在一年中不同的季节或在不同的负荷条件下，合理划分处理区域（厌氧区、缺氧区和好氧区）；
- 借助对耗氧量有规律的测定，确定耗氧量和供氧量的调节方式；
- 剩余溶解性 COD（$S_{COD, inert, AN}$）；
- 出水中的氮组分。

5.1 要求的污泥泥龄

5.1.1 基本内容

下述污泥泥龄设计计算的适用温度范围为：$T_{Bem}=$ 8 ℃~20 ℃。

对于较低或较高的温度，应进行中试试验，或采用类似设施的实际运行结果。

5.1.2 无硝化反应的设施

无硝化的曝气池设计污泥泥龄可取 4 d（$B_{d, COD, z}>$ 12 000 kg/d）~5 d（$B_{d, COD, z}<2\ 400$ kg/d）。

需要注意的是：据此设计的活性污泥设施，当水温持续数周超过 15 ℃时，同样也会发生硝化反应。因此，曝气设计必须考虑满足硝化反应的额外需氧量。

5.1.3 有硝化反应的设施

有硝化反应的设施，其（好氧）设计污泥泥龄依下式计算：

$$t_{\text{TS, aerob, Bem}} = \text{PF} \cdot \frac{1}{\mu_{\text{A, max}}} \cdot 1.6 \cdot 1.103^{[15-T]} \quad [\text{d}] \quad (12)$$

或者：

$$t_{\text{TS, aerob, Bem}} = \text{PF} \cdot 3.4 \cdot 1.103^{[15-T]} \quad [\text{d}] \quad (13)$$

在 15 ℃ 时硝化细菌的最大比生长速率($\mu_{\text{A, max}}$)为 0.47 d^{-1}。取安全系数 SF＝1.6 时，可以保证在氧气供应充足，且在没有其他不利的影响因素的情况下，活性污泥中可以形成或保持足够的硝化细菌(参见 ATV 1997a：5.2.4)。

硝化反应系数(PF)选取时，应定量考虑如下影响：

■ 污水成分、短期温度波动或/和 pH 值变化而导致的最大比生长速率的波动；

■ 铵氮监测限值；

■ 进水氮负荷的波动变化引起的出水氮浓度波动变化。

活性污泥设施的进水的氮负荷变化以氮负荷冲击影响系数 f_N 计，其为每日最高 2 h KN 负荷($B_{\text{2h, KN, ZB, max}}$)与日平均 KN 负荷($B_{\text{2h, KN, ZB, dM}}$)的比值：

$$f_N = \frac{B_{\text{2h, KN, ZB, max}}}{B_{\text{2h, KN, ZB, dM}}} \quad [-] \quad (14)$$

由于污泥回流水有很高的氮负荷，故应统筹考虑污泥处理区污泥水的回流。

如果 NH_4-N 的监测值符合抽样样品或 2 h 混合样品中的规定，硝化反应系数可据情况从表 3 中选取。只要不对硝化细菌的最大比生长速率产生负面影响,出水中的 NH_4-N 浓度平均值可保持在 $S_{NH_4, AN}=1.0$ mg/L。

由于氮负荷的波动对硝化反应所需的容积和曝气设施的设计有很大的影响,故需结合现有设施运行,通过测试确定 f_N。必要时依据改建规模以及合格的随机样品,或者在 2 h 混合样品的监测值(10 mg/L NH_4-N)条件下选取:

$B_{d, COD, z} \leqslant 2\ 400$ kg/d($\leqslant 20\ 000$ 人口)　　PF＝2.1

$B_{d, COD, z} > 1\ 200$ kg/d($> 20\ 000$ 人口)　　PF＝1.5

表3　出水 NH_4-N 监测值及进水氮负荷的波动与所需硝化反应系数 PF 的关系表(中间值内插)

$S_{NH_4, \ddot{U}W}$	f_N					
	1.4	1.6	1.8	2.0	2.2	2.4
5 mg/L NH_4-N	1.5	1.6	1.9	2.2	2.5	2.8
10 mg/L NH_4-N	1.5	1.5	1.5	1.6	1.9	2.1

当进水 KN 负荷波动明显,或者对硝化工艺稳定性的要求比表3更高时,建议进行动力学模型模拟。

若出水 NH_4-N 采用平均值或负荷削减百分比来监测,如按欧盟理事会 1991 年 5 月 21 日关于城市污水处理第 91/271/EWG 号的指令要求,要求出水 NH_4-N 波动较低时,氮负荷冲击影响系数可降至 1.5。

在确定设计污泥泥龄时,硝化反应系数不应小于 1.5。当以日均进水负荷作为设计条件时,本规定同样适用。

5.1.4　仅具有硝化反应的设施

对于仅保证硝化反应设施的设计,若冬季曝气池出水温度低于铵氮监测规定的温度（$T_{\ddot{U}w}$），则公式（12）的设计温度（T_{Bem}）应取较低值，以保证在监测温度下实现硝化反应稳定进行。

若污水温度始终高于监测规定的温度，可选择温度最低2周的平均温度作为设计温度。

出于运营方面（碱度、自然反硝化）和经济方面（能耗）的考量，建议此类设施在设计中应考虑部分反硝化。

5.1.5 有硝化和反硝化反应的设施

对于具有硝化和反硝化的设施来说，公式（12）中设计温度则取铵氮监测值的测定温度（$T_{Bem}=T_{\ddot{U}w}$）。依据德国的污水条例（AbwV），$T_{Bem}=T_{\ddot{U}w}=12\ ℃$。

则设计污泥泥龄依下式计算：

$$t_{TS,Bem}=t_{TS,aerob,Bem}\cdot\frac{1}{1-(V_D/V_{BB})}\quad[d]\qquad(15)$$

或者

$$t_{TS,Bem}=PF\cdot3.4\cdot1.103^{[15-T]}\cdot\frac{1}{1-(V_D/V_{BB})}\quad[d]$$

$$(16)$$

当冬季污水温度通常低于12 ℃时，则应寻找或者提供在平均温度最低2周时硝化作用仍可有效进行的证据。为此，在维持设计污泥泥龄的情况下，依据公式（17）计算出此低温值（T_w）情况下的V_D/V_{BB}比值。

若无相关污水温度检测值，则应将监测温度降低2 ℃～

4 ℃的数值作为低温时的设计温度 T_w(在最低温度 2 周的平均温度预计不低于 10 ℃时,则降低值取 2 ℃;在预计会有更低温度时,则温度降低值取 4 ℃)。

如果在低温情况下,有机负荷($B_{d, COD, ZB}$)与设计值不同,则在公式(17)中应采用该负荷所对应的计算污泥龄,代替 $t_{TS, Bem}$。

$$V_D/V_{BB} = 1 - \frac{PF \cdot 3.4 \cdot 1.103^{[15-T]}}{t_{TS, Bem}} \quad [—] \quad (17)$$

该验证的前提是曝气池应设计灵活,能够实现反硝化区的功能变化,以调整硝化区容积。当内回流点位置可以改变时,前置厌氧混合池容积则可计入反硝化区容积 V_D。

若依据公式(17)计算得出 V_D/V_{BB} 为负值时,则取 $V_D/V_{BB}=0$,并依公式(17)计算硝化反应系数;若 PF 低于 1.2,则必须增加曝气池池容积。

若要求设计温度低于 12 ℃时,也应遵守上述规定。但 8 ℃及以下温度的设施的设计尚无相关经验。

在任何情况下,均应核算碱度是否足够(详见本规程 7.4)。

5.1.6 有好氧污泥稳定的设施

有好氧污泥稳定和硝化反应设施的设计污泥泥龄必须满足 $t_{TS, Bem} \geqslant 20$ d。

若亦须反硝化,则污泥泥龄必须满足 $t_{TS, Bem} \geqslant 25$ d。若曝气池内 2 周温度平均值始终高于 12 ℃,则可依公式(18)计算污泥泥龄。

$$t_{TS, Bem} \geqslant 25 \cdot 1.072^{(12-T)} \quad [d] \qquad (18)$$

在运行时应注意的是,要实现污泥稳定化,好氧污泥泥龄必须大于 20 d。对于有硝化和反硝化反应的设施,若反硝化区容积比例较高,或若以能量优化为目的采用持续较高非曝气的容积比例运行,则会影响污泥的稳定化,且也会导致出现气味影响和污泥脱水性能变差的情况。

若温暖季节的有机负荷高于寒冷季节,则应依公式(18)分别计算两种情况下所需的污泥总量 $M_{TS, BB}$(见本规程5.4)。较高的污泥产量对曝气池容积计算有重要影响。

若湿污泥在污泥池或其他水池中储存时长为至少一年进行厌氧稳定化,即使有针对性地进行反硝化,其污泥泥龄也可降低到 20 d。

5.2 反硝化体积比例的确定(V_D/V_{BB})

5.2.1 基本内容

在反硝化过程中,有机物(COD)作为电子供体,硝酸盐作为电子受体,发生生化氧化还原反应(HARTMANN,1992;MAHRO,2006)。硝酸盐的供氧量按 2.86 g O_2/g NO_3-N 计算,反硝化区的耗氧量($OV_{C, D}$)可按本规程式(27)计算。在反硝化过程中,硝酸盐作为电子受体时,耗氧量按 0.75 折算,并乘以反硝化容积比例。因反硝化工艺而异,将易降解部分的 $OV_C = COD(1-Y)$ 的部分可直接分配给反硝化。对于设置前置反硝化区的工艺,当流入反硝化区的溶解氧含量小于 2 mg/L 时,因底物浓度升高的 OV_C 可依容积比例和指数$(V_D/V_{BB})^{0.68}$ 计算得出。

　　反硝化区的容积需要迭代计算,相应步骤详见图 5(见本规程附录 A,反硝化区设计计算图示)。

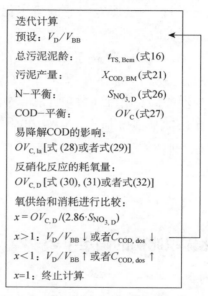

图 5　反硝化区容积迭代计算流程

5.2.2　COD 降解的污泥产量计算

　　COD 降解产生的污泥量$(X_{COD, \ddot{U}S})$由进水中的惰性颗粒$COD(X_{COD, inert, ZB})$、形成的生物体量$(X_{COD, BM})$和生物内源性衰减后的剩余惰性固体$(X_{COD, inert, BM})$组成。

$$X_{COD, \ddot{U}S} = X_{COD, inert, ZB} + X_{COD, BM} +$$

$$X_{\text{COD, inert ,BM}} \quad [\text{mg/L}] \qquad (19)$$

污泥产生量和内源衰减依下式计算：

$$X_{\text{COD, ÜS}} = C_{\text{COD, abb, ZB}} \cdot Y - X_{\text{COD, BM}} \cdot t_{\text{TS}} \cdot b \cdot F_{\text{T}} \quad [\text{mg/L}] \qquad (20)$$

在有外部碳源投加并溶解的情况下依下式计算：

$$X_{\text{COD, BM}} = (C_{\text{COD, abb, ZB}} \cdot Y + C_{\text{COD, dos}} \cdot Y_{\text{COD, dos}}) \cdot \frac{1}{1 + b \cdot t_{\text{TS}} \cdot F_{\text{T}}} \quad [\text{mg/L}] \qquad (21)$$

$$F_{\text{T}} = 1.072^{[T-15]} \quad [-] \qquad (22)$$

进水中可降解 COD 的产泥系数为 $Y = 0.67$ g/g(降解每 g COD 形成的生物量 COD)，15 ℃时的衰减系数为 $b = 0.17$ d^{-1}，其均类似于活性污泥模型 1 号的假定(HENZE 等人，1987)。外部投加碳源的产泥系数按表 1 计算。

内源性衰减剩余惰性固体可按衰减生物量的 20% 估算：

$$X_{\text{COD, innet, BM}} = 0.2 \cdot X_{\text{COD, BM}} \cdot t_{\text{TS}} \cdot b \cdot F_{\text{T}} \quad [\text{mg/L}] \qquad (23)$$

所生成剩余污泥的有机物部分占比约为 92%。进水颗粒物 COD(本规程 4.2 中按照 1.6 g COD/g oTS 估算)由高能量的脂肪、低能量的蛋白质和碳水化合物组成。进水颗粒惰性 COD 不参与转化过程，可按 1.33 g COD/g oTS 计算(GUJER 等人，1999)。据计算，所形成的生物量可按 1.42 g COD/g oTS 计算(CONTRERAS 等人，2002)。在考虑进水中无机可过滤物质的情况下，污泥产量可依下式计算：

$$\ddot{U}S_{\text{d, C}} = Q_{\text{d, Konz}} \cdot \left(\frac{X_{\text{COD, inert, ZB}}}{1.33} + \frac{X_{\text{COD, BM}} + X_{\text{COD, inert, BM}}}{0.92 \cdot 1.42} + \right.$$

$$\left. X_{\text{anorgTS, ZB}} \right) / 1\,000 \quad [\text{kg/d}] \tag{24}$$

或

$$\ddot{U}S_{\text{d, C}} = Q_{\text{d, Konz}} \cdot \left(\frac{X_{\text{CSB, inert, ZB}}}{1.33} + \frac{X_{\text{CSB, BM}} + X_{\text{CSB, inert, BM}}}{0.92 \cdot 1.42} + \right.$$

$$\left. f_{\text{B}} \cdot X_{\text{TS, ZB}} \right) / 1\,000 \quad [\text{kg/d}] \tag{25}$$

5.2.3   反硝化的硝态氮浓度计算

每日平均反硝化的硝态氮浓度($S_{\text{NO}_3, \text{D}}$)可依下式计算：

$$S_{\text{NO}_3, \text{D}} = C_{\text{N, ZB}} - S_{\text{orgN, AN}} - S_{\text{NH}_4, \text{AN}} - S_{\text{NO}_3, \text{AN}} -$$

$$X_{\text{orgN, BM}} - X_{\text{orgN, inert}} \quad [\text{mg/L}] \tag{26}$$

进水浓度($C_{\text{N, ZB}}$)是在 $T = 12\ ℃$ 条件下检测的。如果在年际中气温较高时段,若 $C_{\text{N, ZB}} : C_{\text{COD, ZB}}$ 比值也较高时,则有必要分析多种负荷条件。

进水中的硝态氮浓度($S_{\text{NO}_3, \text{ZB}}$)一般可以忽略不计。但是在外来水流入较多(含硝酸盐的地下水)或某些工商业排水流入的情况下,需要在 $C_{\text{N, ZB}}$ 中考虑 $S_{\text{NO}_3, \text{ZB}}$。另外,只要硝态氮浓度的增加是由于外来水的流入造成的,则由此造成的硝态氮负荷要与外来水流量相应增加一并考虑。

若污泥区污泥水无独立的处理装置,污水处理厂进水($C_{\text{N, ZB}}$)中应包含来自污泥厌氧消化和机械脱水的污泥水。

消化过程中产生 NH_4-N 含量与有机干物质的厌氧分解情况有关,其结合进入生物体中的氮($X_{orgN, BM}$)可取系数 $f_r = 0.5$,即按 $X_{orgN, BM} = 0.5 \cdot X_{COD, BM}$ 估算。污泥水回流负荷更精确计算的方法请参见 ATV 2000b 和本规程 4.3。

出水中的有机氮浓度按 $S_{orgN, AN} = 2$ mg/L 估算。但是,在进水中含有某些特定工业污水的情况下,该浓度可能会比较高。为了安全起见,在设计时通常假定出水中的铵氮浓度为 $S_{NH_4, AN} = 0$。结合进入生物体中的氮按照 $X_{orgN, BM} = 0.07 \cdot X_{COD, BM}$ 估算。铵氮同样可与惰性的颗粒物相结合,可按 $X_{orgN, inert} = 0.03 \cdot (X_{COD, inert, BM} + X_{COD, inert, ZB})$ 估算。

以硝态氮为基准的污水出水浓度应取日均值。在德国,采用随机取样进行监测时,硝态氮的出水浓度则须低于监测值($S_{anorgN, ÜW}$),即

$$S_{NO_3, AN} = 0.8 \sim 0.6 \cdot S_{anorgN, ÜW}$$

进水负荷波动较大时,取小值。

5.2.4 碳降解的需氧量

需氧量当量按曝气池(或反硝化池或厌氧混合池)进水的可降解 COD 计算。

对于不同的工艺形式,反硝化区的需氧量($OV_{C, D}$)计算方式是不同的,反硝化区的需氧量可简化计算为:易降解 COD($C_{COD, la, ZB}$)、外部碳源投加的 COD($C_{COD, dos}$)和剩余的可降解 COD($C_{COD, abb, ZB} - C_{COD, la, ZB}$)的需氧量。

第一步，依据 COD 平衡计算出碳降解的总需氧量 OV_C：

$$OV_C = C_{COD, abb, ZB} + C_{COD, dos} - X_{COD, BM} -$$
$$X_{COD, inert, BM} \quad [mg/L] \qquad (27)$$

第二步，针对不同的工艺，计算反硝化区的易降解 COD 和外加碳源 COD 部分的需氧量 $OV_{C, la}$。

对于前置的反硝化，反硝化区此部分的需氧量为：

$$OV_{C, la, vorg} = f_{COD} \cdot C_{COD, abb, ZB} \cdot (1 - Y) + C_{COD, dos}$$
$$\cdot (1 - Y_{COD, dos}) \quad [mg/L] \qquad (28)$$

其中 f_{COD} 为 $C_{COD, la, ZB}$ 与 $C_{COD, abb, ZB}$ 之比。

对于间歇式反硝化，可仅分开计算外加碳源部分的需氧量。如果碳源投加是在反硝化期间内，则外加碳源的需氧量按下式计算：

$$OV_{C, la, int} = C_{COD, dos} \cdot (1 - Y_{COD, dos}) \quad [mg/L] \qquad (29)$$

其中进水的部分易降解 COD 只在反硝化期间（V_D/V_{BB}）内是部分起作用的。

对于同步反硝化，只有在前端单独设置前置反硝化池时，才可计算 $OV_{C, la}$。

第三步，不同工艺的反硝化区总需氧量的计算不同，具体如下。

■ 前置反硝化：

$$OV_{C, D} = 0.75 \cdot [OV_{C, la, vorg} + (OV_C - OV_{C, la, vorg})$$
$$\cdot (V_D/V_{BB})^{0.68}] \quad [mg/L] \qquad (30)$$

■ 间歇式反硝化(反硝化期间投加外部碳源):

$$OV_{C, D} = 0.75 \cdot [OV_{C, la, int} + (OV_C - OV_{C, la, int})$$
$$\cdot (V_D/V_{BB})] \quad [mg/L] \qquad (31)$$

■ 在无前置厌氧池时的同步反硝化:

$$OV_{C, D} = 0.75 \cdot OV_C \cdot V_D/V_{BB} \quad [mg/L] \qquad (32)$$

■ 前置反硝化与同步/间歇反硝化的组合工艺:

若至少有 $0.15 \cdot V_{BB}$ 的容积作为前置反硝化区,则整个系统可以用前置反硝化的计算方法计算。若在式(30)中前置反硝化池比例是可以确定的,则组合工艺的前置反硝化区的需氧量为:

$$OV_{C, D, vg} = 0.75 \cdot [OV_{C, la, vorg} + (OV_C - OV_{C, la, vorg})$$
$$\cdot (V_{D, vg}/V_{BB})^{0.68}] \quad [mg/L] \qquad (33)$$

式(33)的计算结果也用于确定该组合工艺所需的回流比[详见本规程式(56)和式(57)]。

OV_C 是在设计污泥泥龄和设计温度计算得出的,见本规程式(27)。

不推荐反硝化区占比 $V_D/V_{BB} \leqslant 0.2$,或者 $V_D/V_{BB} \geqslant 0.6$。

交替式反硝化的需氧量 $OV_{C, D}$ 可按前置反硝化和间歇式反硝化需氧量的平均值计算。

5.2.5 耗氧量和氧提供量的比较

通过需氧量($OV_{C, D}$)与硝酸盐的供氧量$= 2.86 \cdot S_{NO_3, D}$的比较,可以验证硝酸盐是否被充分还原。此需要多次调整

V_D/V_{BB} 比值,直到数值为 1。

$$x = \frac{OV_{C,D}}{2.86 \cdot S_{NO_3,D}}$$ (34)

如果 V_D/V_{BB} 比值达到 0.6,还尚不满足要求时,则不再建议进一步提高 V_D/V_{BB},而应需要研究是否缩小初沉池,或临时采取旁通初沉池的措施和单独进行污泥水的处理。另外,也可采取补充外部碳源的措施。但是,上述措施均需要有可靠的运行经验支撑。

5.3　除　磷

5.3.1　基本内容

除磷可以单独采用同步沉析法,生物除磷法通常与同步沉析法相结合,也可采用前置沉析或后置沉析法(请参阅德国水协技术规程 DWA-A 202)。

用于生物除磷的厌氧混合池应依据最大旱天流量和回流污泥量($Q_{T,2h,max} + Q_{RS}$)设计计算,最短停留时间时间为 0.5 至 0.75 h。生物除磷效果不仅取决于接触时间,而且在很大程度上还取决于厌氧混合池进水中易降解有机物与磷的比例。如有必要,则可通过动力学模型更精确地确定厌氧混合池所需容积。

在冬季,若厌氧区有反硝化反应发生,则在此期间生物除磷效果会降低。

依下式计算需要沉析的磷酸盐($X_{\text{P, Fäll}}$)，必要时须针对不同负荷条件进行计算：

$$X_{\text{P, Fäll}} = C_{\text{P, ZB}} - C_{\text{P, AN}} - X_{\text{P, BM}} - X_{\text{P, BioP}} \quad [\text{mg/L}] \quad (35)$$

$C_{\text{P, ZB}}$ 为活性污泥设施进水总磷浓度。设计出水浓度（$C_{\text{P, AN}}$）应依据监测值（$C_{\text{P, ÜW}}$）确定，如可取 $C_{\text{P, AN}} = 0.6 \cdot C_{\text{P, ÜW}}$ 至 $0.7 \cdot C_{\text{P, ÜW}}$。异养生物的细胞所需的磷（$X_{\text{P, BM}}$）可按 $0.005 C_{\text{COD, ZB}}$ 估算。对于一般的城市污水，生物法除磷量（$X_{\text{P, BioP}}$）为：

■ 前置厌氧工艺：$X_{\text{P, BioP}} = 0.005 \sim 0.007 \cdot C_{\text{COD, ZB}}$

■ 前置厌氧工艺：低温时，且 $S_{\text{NO}_3\text{, AN}} \geqslant 15$ mg/L，$X_{\text{P, BioP}} = (0.0025 \sim 0.005) \cdot C_{\text{COD, ZB}}$

■ 前置反硝化或多级反硝化，但没有厌氧池工艺：$X_{\text{P, BioP}} = 0.002 \cdot C_{\text{COD, ZB}}$

■ 低温下前置反硝化工艺，且内回流直接进入厌氧池，$X_{\text{P, BioP}} = 0.002 \cdot C_{\text{COD, ZB}}$

实践证明，实际生物除磷 $X_{\text{P, BioP}}$ 一般高于上述估算数值。

化学药剂需求量可按 1.5 mol Me^{3+}/mol $X_{\text{P, Fäll}}$ 计算。换算后的药剂需求量为：

铁盐：2.7 kg Fe/kg $X_{\text{P, Fäll}}$

铝盐：1.3 kg Al/kg $X_{\text{P, Fäll}}$

若采用石灰同步沉析，则通常需要将投加到进水的石灰乳先进行沉淀处理，以提高 pH 值和沉析效果。石灰需求量主要取决于污水的碱度。无论何种情况，均建议事先进行试验,具体请见德国水协技术规程 DWA-A 202。

只有在有利条件下,例如在生物或化学除磷进行非常好,且出水中可过滤物质的浓度较低时,按照抽样样品或 2 h 混合样品的监测值才有可能满足 $C_{P, \text{üw}} < 1$ mg/L P。如果要求设计出水总磷值小于 1 mg/L P,则建议尽可能进行生产性试验。

5.3.2 除磷的污泥产量计算

除磷生成的污泥由生物除磷和同步沉析的固体物质组成。

对于生物除磷,生物法每去除 1 g 磷可产生 3 g TS(干物质)。同步沉析产生的固体量取决于化学药剂的种类和加药量,详见本规程 5.3.1。每加入 1 kg 铁盐(以铁计)产生 2.5 kg TS;每加入 1 kg 铝盐(以铝计)产生 4 kg TS。故除磷产生的污泥量($\ddot{U}S_{d, P}$)为:

$$\ddot{U}S_{d, P} = Q_{d, \text{konz}} \cdot (3 \cdot X_{P, \text{BioP}} + 6.8 \cdot X_{P, \text{Fäll, Fe}} +$$
$$5.3 \cdot X_{P, \text{Fäll, Al}})/1\ 000 \quad [\text{kg/d}] \quad (36)$$

如果使用石灰药剂,则 1 kg 氢氧化钙(Ca(OH)$_2$)产生 1.35 kg TS,请参阅德国水协技术规程 DWA-A 202。

5.4 污泥量的组成

活性污泥法的污泥由有机物分解过程中产生和夹存的

固体物质(见 5.2)和除磷产生的固体物质(见 5.3)组成：

$$\ddot{U}S_d = \ddot{U}S_{d,C} + \ddot{U}S_{d,P} \quad [kg/d] \qquad (37)$$

污泥产量与污泥泥龄关系如下式：

$$
\begin{aligned}
t_{TS} &= \frac{M_{TS,BB}}{\ddot{U}S_d} \\
&= \frac{V_{BB} \cdot TS_{BB}}{\ddot{U}S_d} \\
&= \frac{V_{BB} \cdot TS_{BB}}{Q_{\ddot{U}S,d} \cdot TS_{\ddot{U}S} + Q_{d,Konz} \cdot X_{TS,AN}} \quad [d]
\end{aligned}
\qquad (38)
$$

由于二沉池出水中可过滤物质的负荷($O_{d,Konz} \cdot X_{TS,AN}$)通常可忽略不计，故污泥产量($\ddot{U}S_d$)等于剩余污泥产量($Q_{\ddot{u}s,d} \cdot TS_{\ddot{u}s}$)。

则生物段需要保持的污泥质量为：

$$
\begin{aligned}
M_{TS,BB} &= t_{TS} \cdot \ddot{U}S_d \\
&= t_{TS} \cdot (\ddot{U}S_{d,C} + \ddot{U}S_{d,P}) \quad [kg]
\end{aligned}
\qquad (39)
$$

6 二沉池的设计

6.1 应用边界条件

主要设计参数包括:雨天最大进水流量(Q_M)(见 4.1)、污泥体积指数(SVI)和二沉池进水污泥干物质含量(TS_{AB})。例外的是,如果采用多级反硝化工艺时,则 $TS_{AB}=TS_{BB}$。

二沉池的设计应确定或计算以下内容:

■ 二沉池的形状和尺寸;

■ 浓缩时间;

■ 回流污泥量及其控制方式;

■ 刮泥形式和运行方式;

■ 进水和出水的布置和构造形式。

二沉池应满足如下规定:

■ 二沉池最大长度/直径不超过 60 m;

■ 50 L/kg$<SVI<$200 L/kg;

■ 污泥沉降比 $VSV<$600 L/m³;

■ 污泥回流;

$Q_{RS}\leqslant0.75 \cdot Q_M$(水平流)或 $Q_{RS}\leqslant1.0 \cdot Q_M$(竖向流);

■ 二沉池进水中污泥干物质含量 TS_{BB} 或 $TS_{AB} >$ 1.0 kg/m³。

这些设计规则不适用于二沉池进水密度短时间内明显增加,如大范围融雪以及进水温度陡然降低的情况。这种特殊的运行工况也不在本技术规程设计范围之内。

如果在后端还设置了后续处理设施,则可以允许提高二沉池出水中可沉或可过滤物质的含量。在后续处理设施处理能力允许的情况下,二沉池可以采用更高的污泥体积负荷和表面负荷。

ATV 手册(ATV 1997b)和第 6 号 IAWQ 报告(EKAMA 等人,1997)中也给出了相应的设计基本原则。

6.2 污泥体积指数和浓缩时间

污泥体积指数取决于污水组分和曝气池混合物的性质。含有较高成分的易生物降解有机物,如含有某种商业和工业污水时,会导致污泥体积指数偏高。

准确确定污泥体积指数对二沉池设计尤为重要。对于曝气池形式和运行方式不变,而仅扩建二沉池的工程设计,其污泥体积指数采用关键季节的运行实测值,或者采用低于85%天数的数值。对于曝气池工艺也进行变化的工程设计,可参考本规程表 4 建议的污泥体积指数确定设计值。如果曾出现污泥体积指数 $SVI > 180$ L/kg(85%的天数中),则应采取降低污泥体积指数的措施。

在没有可用实测数据的情况下,则可采用表 4 中的污泥体积指数值进行设计。

表中较低数值的污泥体积指数(SVI)适用于以下情况:

- 无初沉池,或
- 在曝气池前端设有选择池或厌氧混合池,或
- 曝气池采用多级串联式(推流)。

表 4 污泥体积指数推荐值

净化目标	SVI(L/kg)工业和商业污水影响	
	适宜	不适宜
无硝化	100~150	120~180
带有硝化(和反硝化)	100~150	120~180
带有污泥稳定化	75~120	100~150

二沉池底部污泥中的干物质含量(TS_{BS})取决于污泥体积指数和浓缩时间(t_E)。为了避免沉淀污泥溶解及由于二沉池不应发生的反硝化使沉淀污泥悬浮,沉淀污泥在浓缩区和排泥区的停留时间不得随意延长。因此,建议设计浓缩时间为 $t_E = 2.0$ h。

若污泥体积指数明显小于 100 L/kg,则需要验证:在设计浓缩时间下,二沉池底部污泥浓度(TS_{BS})在实际运行过程的确能够达到公式(40)的计算值。对于无反硝化功能的设施,设计浓缩时间应低于 2 h。

6.3 回流污泥的干物质量

采用虹吸式刮泥机时，未浓缩的污泥水会从浓缩层以上的区域混入；采用刮板式刮泥机时，其会从排泥斗的出口处混入，故回流污泥 Q_{RS} 会被这种短流 Q_K 稀释。

底部污泥中的干物质含量 TS_{BS}（排出体积流量中的平均干物质含量）可以按污泥体积指数 SVI 和浓缩时间 t_E 的经验公式进行估算，详见图 6：

$$TS_{BS} = \frac{1.000}{SVI} \cdot \sqrt[3]{t_E} \quad [\text{kg/m}^3] \quad (40)$$

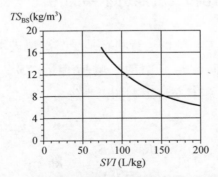

图 6   2 小时浓缩时间二沉池底部污泥干物质含量与污泥体积指数的关系

TS_{BS} 也可依据活性污泥的沉降速度（RESCH，1981；DWA，2013）或试验结果确定。

回流污泥浓度会受到短路污泥流量 Q_K 的稀释作用,对回流污泥的干物质含量(TS_{RS})稀释系数可按下述条件取用:

■ 刮板式刮泥机:$TS_{RS} \approx 0.7 \sim 0.8 \cdot TS_{BS}$

其中,为确保回流的污泥不因进水口设计不合理导致的短路流稀释,二沉池进水口应按本规程 6.8 节设计,其稀释系数取大于 0.7 的数值。

■ 虹吸式刮泥机:$TS_{RS} \approx 0.5 \sim 0.7 \cdot TS_{BS}$

其中,为防止过多清水被抽取,对于采取有抽吸量控制措施的虹吸式刮泥机,稀释系数可取大于 0.5 的数值。

■ 对于无刮泥设备的竖向流二沉池,可取 $TS_{RS} \approx TS_{BS}$。

6.4　回流比和二沉池进水中的污泥干物质含量

曝气池、二沉池的运行状态是受二沉池进水中的干物质含量 TS_{BB}、回流污泥中的干物质含量 TS_{RS} 以及回流比 $RV = Q_{RS}/Q$ 相互交替影响的。当忽略 $X_{TS,AN}$ 时,干物质间的关系为:

$$TS_{BB} = \frac{RV \cdot TS_{RS}}{1 + RV} \quad [kg/m^3] \qquad (41)$$

二沉池和曝气池污泥回流比应按照最高 $0.75 \cdot Q_M$ 设计。通过使用变频装置和泵组的大小搭配,即使在旱天条件下,污泥回流比也是可调的。实践证明,实现回流污泥与进水量的连续性匹配对运行是很有利的。

对于竖向流二沉池回流比可按最大 $Q_{RS}＝1.0 \cdot Q_M$ 进行设计,其回流污泥泵(包括备用设备)应可以实现 Q_{RS} 最高达到 $1.5 \cdot Q_M$(见 8.4)。

二沉池流态介于水平流和竖向流之间时,可采用表5(见本规程 6.5)推荐的 RV 值。

高回流比和突然增加的流量会导致回流污泥量增加,又会导致二沉池进水流速增加,从而对沉淀产生不利影响。另外如果要求回流污泥具有较高的干物质含量,除非能够通过低污泥体积指数且和较长的浓缩时间来实现,否则就应避免采用回流比 $RV＜0.5$。

6.5 表面负荷和污泥体积负荷

二沉池表面负荷 q_A 可由允许的污泥体积负荷 q_{sv} 和选定的污泥沉降比 VSV 计算得出:

$$q_A＝\frac{q_{sv}}{VSV}＝\frac{q_{sv}}{TS_{AB} \cdot SVI} \quad [m/h] \quad (42)$$

为了避免二沉池污泥泥位过度升高至清水区以及导致的污泥排出,污泥体积负荷 q_{sv} 应满足以下规定:

■ $q_{sv}≤500$ L/[m² · h];

■ 对于以竖向流为主的二沉池,其若设有封闭式絮凝过滤器,或在活性污泥能较好絮凝的情况下,则:

$q_{sv}≤650$ L/[m² · h]。

原则上,二沉池进水结构形式应符合本规程 6.8 的规定;合理的进水口形式,可以保证二沉池出水明显低于 $X_{TS,AN} < 20$ mg/L;

建议在考虑边界条件(建筑用地、地下水位、空间条件)的前提下,优化污泥体积负荷和池体深度之间的关系。

以水平流为主的沉淀池是指:进水口到水面的距离(竖直分量 h_e)与在水面处到池边缘的净距(水平分量)之比小于 1:3。以竖向流为主的沉淀池是指:该比值大于 1:2。该比值介于两者之间池型的污泥体积负荷可按本规程表 5 取值,中间比值可进行线性内插。

对于以水平流为主的二沉池而言,表面负荷 q_A 不应大于 1.6 m/h;对于以竖向流为主的二沉池,表面负荷不应大于 2.0 m/h。中间比值可进行线性内插,详见表 5。

若有现有设施实际运行数据,设施改造可以采用更高的污泥体积负荷。

对于新设计的圆形二沉池,当其池底为水平或略微倾斜状态时,则污泥体积负荷不应超过 500 L/($m^2 \cdot h$)。

表5　介于水平流及竖向流间二沉池允许污泥体积负荷和表面负荷推荐值

参数	允许值						
比值[*]	≥0.33	≥0.36	≥0.39	≥0.42	≥0.44	≥0.47	≥0.5
q_{sv}[L/($m^2 \cdot h$)]	≤500	≤525	≤550	≤575	≤600	≤625	≤650
q_A(m/h)	≤1.60	≤1.65	≤1.75	≤1.80	≤1.85	≤1.90	≤2.00
RV(—)	≤0.75	≤0.80	≤0.85	≤0.90	≤0.90	≤0.95	≤1.00

注:[*]竖直分量与水平分量之比,例如 1:2.5=0.4。

6.6 二沉池表面积

二沉池所需表面积依下式计算：

$$A_{NB} = Q_M / q_A \quad [m^2] \tag{43}$$

进水口所占面积不包含在上述计算表面积中。由于矩形水池进水口配水较圆形水池不易均匀，在实际中密度弗汝德系数 F_D 按 1 计算。对于在圆形二沉池可不设干扰区；对于矩形二沉池，则需增加 2 m 区域，作为干扰区。

对于竖向流的二沉池，综合考虑常见池形的几何形状，其计算表面积 A_{NB} 是指进水口与二沉池水面之间一半位置处的有效面积，详见本规程图 10。

6.7 二沉池深度

二沉池的功能区划分详见图 7 和图 8。

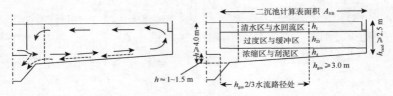

图 7 圆形水平流二沉池水流流向及功能分区示意图

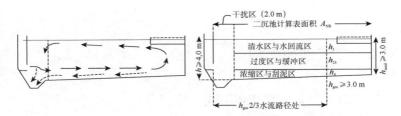

图8　矩形水平流二沉池水流流向及功能分区示意图

二沉池各个功能区的深度组成是：

- h_1 清水区与水回流区；

- h_{23} 过渡区与缓冲区；

- h_4 浓缩区与刮泥区。

图示划分的功能区明晰了二沉池各区的过程作用，实际上这些过程也并不是按照水平分层区进行的，而是相互渗透的。在水池的进水和出水区范围内存在有干扰区，应必须通过优化进水口和出水口结构形式，将干扰区保持在较小的尺度内。

清水区中各种不同形式的出水口参见本规程图9。对于图中(a)、(b)和(d)三种出水形式，清水区需要从水面向下延伸 50 cm。对于图中(c)悬挂式的环形出水槽(两侧或单侧出水)，清水区需要从水面向下延伸到槽下缘以下 20 cm。在新的设施设计中，应避免采用单侧环形槽出水。

为防止漂浮的污泥进入淹没穿孔收集管，进水孔至少淹没在水面下 20 cm。

如果穿孔收集管是切向布置的，则造成高污泥液位，或其他对运行的干扰，因此清水区的布置要根据实际情况

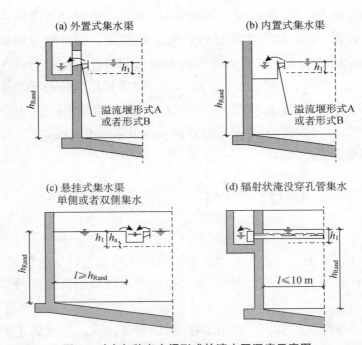

(a) 外置式集水渠

(b) 内置式集水渠

溢流堰形式A
或者形式B

溢流堰形式A
或者形式B

(c) 悬挂式集水渠
单侧或者双侧集水

(d) 辐射状淹没穿孔管集水

图9　对应各种出水渠形式的清水区深度示意图

确定。

　　清水区之下是过渡区与缓冲区。在进水范围内清水与回流区、过渡与缓冲区及部分浓缩区与刮泥区构成了一个整体。在进水区以下部分中,泥、水相互混合,并均匀分布于水池内。良好的絮凝过程有助于污泥的沉淀。

　　水回流区发生在进水区之外,固体含量较低的污水回流到进水区。

　　过渡区与缓冲区高度 h_{23} 的计算可采用经验公式计算,该计算公式经实践检验是合理的。其由两部分组成:一是,对应最大流量（包括回流污泥流量）以 0.5 小时停留时间进行计算；二是，用于贮存活性污泥。贮存部分的计算应能够确保接纳 1.5 小时内由曝气池中流出的额外污泥量（$0.3 \cdot TS_{BB} \cdot SVI$，浓度值为 500 L/m³）。假定其均匀分布于二沉池表面 A_{NB}，故在此期间内活性污泥将沉入浓缩区与刮泥区。过渡区与缓冲区各个部分的详细说明见附录 C。高度 h_{23} 计算见下式：

$$h_{23} = q_A \cdot (1+RV) \cdot \left(\frac{500}{1\,000 - VSV} + \frac{VSV}{1\,100} \right) \quad [\text{m}]$$

(44)

沉淀的活性污泥在池底处的浓缩区与刮泥区中被浓缩。在区域内会形成一污泥层，该层中污泥以较低的流速流向排泥口。

浓缩区与刮泥区必须足够大，以保证流入二沉池的干物质 TS_{AB} 能够在压缩时间 t_E 内，浓缩达到底部污泥浓度 TS_{BS}。若假定流入二沉池的污泥均匀分布在池底上表面，则浓缩区与排泥区的高度计算方式如下：

$$h_4 = \frac{TS_{AB} \cdot q_A \cdot (1+RV) \cdot t_E}{TS_{BS}} \quad [\text{m}] \quad (45)$$

由进水区域流入浓缩区与刮泥区的污水与污泥的混合液会按其密度在池内进行分层，并向池边方向流动。

在旱天时污泥层高度较低，但到雨天，污泥层将向过渡区与缓冲区扩展。即使选择较高回流比，从曝气池中排出的污泥都将暂时贮存此区域。

总池深 h_{ges} 是 h_1、h_{23} 和 h_4 之和。对于倾斜池底的水平流二沉池而言，其总池深为水流路径的三分之二处，此处深度不应小于 3 m。对于圆形二沉池而言，其池边缘水深不应小于 2.5 m。

对于池下部为斗形的二沉池而言，计算表面积 A_{NB}（本规程 6.6）与过渡区与缓冲区、浓缩区与刮泥区的相应深度 h_{23} 和 h_4 的乘积即分别为过渡区和缓冲区的容积 V_{23} 和浓缩区和刮泥区容积 V_4。其总深度的分析计算，应与各容积和选定的水池几何形状相匹配，参见本规程图 10。

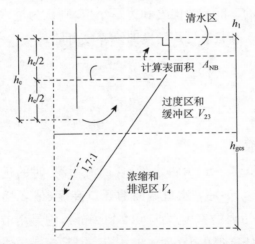

图 10 竖向流斗式二沉池水流流向和功能分区示意图

原则上，几何边界条件产生的容积至少要等于计算所需各部分容积之和。若不能够匹配，如对于直径<8 m 的水池，就必须增加这种二沉池的尺寸。此外，对于直径 D< 8 m 的二沉池，应按照德国水协技术规程 DWA-A 222、技

术规程 DWA-A 226 验算其几何尺寸。宜选择较大直径二沉池。

6.8 进水口设计

进水口设计对二沉池的水流和性能有重要影响。对于矩形二沉池而言,推荐采用同池宽带有插板的进水槽;对于圆形二沉池而言,推荐采用中心进水。若水流从进水口进入二沉池时的动能和势能之和为最小值,则认为进水口设计为最佳方案。其状态可用密度弗汝德数衡量。

$$F_D = \frac{u}{\sqrt{\dfrac{\rho_0 - \rho}{\rho} \cdot g \cdot h}} \quad [-] \tag{46}$$

设计取 $F_D = 1$。

式中 u 是在最大进水量(含回流污泥)时的进水口截面的水平流速,h 是进水口截面的开口高度(或者插槽高度),ρ_0 是活性污泥的密度(如 1 001 kg/m³),它是由液体和干物质的密度计算得出的(如 1 450 kg/m³),ρ 是环境液体的密度(例如 1 000 kg/m³)。设计推荐采用密度弗鲁德数略小于 1。实践证明,槽高 30 cm 至 60 cm,进水流速<7 cm/s 的进水口设计是合适的。另外,宜采用高度可调节的进水口结构。

为了有效降低进水活性污泥的势能和尽可能地发挥污

泥层的絮凝过滤作用,理想状态是二沉池进水口的上缘应与污泥液面平齐。但如果进水口位置过低,在活性污泥混合液流入时,污泥泥位可能迅速上升。借鉴实际经验,建议圆形二沉池进水口设置在池斗的上沿,高度为 $1.0 \sim 1.5$ m;矩形二沉池进水口设置在浓缩区上部,高度与 h_4 一致。

此外,为了确保进水室中能够形成良好的絮状物,G 值(衡量湍流剪切应力的数值)计算方式如下:

$$G = \sqrt{\frac{P_E}{\mu \cdot V_E}} \quad [1/s] \quad (47)$$

对于进水为活性污泥混合液,G 值介于 40 s^{-1} 和 80 s^{-1} 之间。V_E 为进水室容积,μ 为活性污泥的动态粘度(10 ℃时,约 $0.001\,3$ Ns/m^2)。

圆形二沉池的中进水室和矩形二沉池进水槽按 $(1 + RV) \cdot Q_M$ 水量时,停留时间按不小于 1 分钟设计。

中心传动刮泥机的功率 P_E 按下式计算:

$$P_E = 0.5 \cdot \rho_0 \cdot v_E^2 \cdot Q_M \cdot (1 + RV) \quad [Nm/s] \quad (48)$$

进水口的进水速度 v_E 按下式计算(进水口横截面处):

$$v_E = \frac{Q_M(1 + RV)}{A_{ZD}} \quad [m/s] \quad (49)$$

A_{ZD} 为进水口的横截面积。关于进水口设计的详细信息请见德国水、污水和废弃物处理协会文献(DWA,2013)。

6.9   现有二沉池的验算和校核

在验算现有二沉池时,必须反复调整 q_{sv},直到计算得出的深度与实际深度相符。

如果现有的水池深度低于规定的最小值,则应减少设计最大流量,以避免因水池深度不足而造成水力扰动。一般不宜继续使用总水深小于 2.0 m 的二沉池。

对于进水水量剧烈波动、进水口构造特殊、或污泥特性特殊等情况,则应进行数值动态模拟。以模拟的速度和固体曲线,对二沉池的性能或优化措施进行评估。

通常对进水口进行优化,就可在不改变池体的情况下可提高二沉池的性能。

6.10   刮排泥的设计

排泥量和回流污泥量基本就决定了活性污泥在二沉池中的停留时间。

不同的二沉池均有各自相适应的刮排泥和污泥回流设备。在水平流的圆形二沉池中,采用刮板式刮泥机或虹吸式吸泥机。在水平流的矩形二沉池中,采用链板式刮泥机和桥式刮泥机。

如果竖向流或横向流的二沉池需要采用机械排泥的话,

也可以使用上述刮排泥设备。

新建二沉池的刮泥机可依据表 6 设计,并应依据所涉及二沉池直径或长度以及结构形式确定相应数值。

刮泥机刮板高度、刮泥臂的数量和刮泥机行进速度间的关系和相互影响参见附录 B。

对刮泥性能起决定性作用的相互关联的参数是 h_{SR}、v_{SR} 和 l 或者 a,其均可通过附录 B 中所列的固体衡算确定。

刮排泥的设计可参考工作报告(ATV,1988a)和它的修订版(ATV,1988b)以及 ATV 手册(ATV,1997b,请见 3.5.4)。

表 6　刮泥机设计推荐值

参数	单位	圆形二沉池	矩形二沉池	
		刮板式刮泥机	刮板式刮泥机	链板式刮泥机
刮板高度	m	0.3~0.6	0.3~0.8	0.15~0.3
行进速度	m/h	72~144	最大值 108	36~108

活性污泥法的设计　**7**

7.1　曝气池的容积

在二沉池的设计过程中确定污泥干物质含量（TS_{BB}）和依据本规程式（39）得出曝气池中所需的固体质量 $M_{TS,BB}=t_{TS} \cdot \ddot{U}S_d[kg]$的基础上，则曝气池容积依下式计算：

$$V_{BB}=\frac{M_{TS,BB}}{TS_{BB}} \quad [m^3] \tag{50}$$

对于多级串联反硝化的曝气池，其进水、回流污泥和内循环均需要分配到各级反应池中，故每一级池的 TS 浓度是不同的。TS 浓度应依据容积加权计算的 $TS_{BB,Kask}$ 平均值代替式（50）中 TS_{BB}。其中 $TS_{BB,Kask} > TS_{AB}$ 或 TS_{BB}（参见ATV 1997a：5.2.5.4）。

7.2　所需回流量和回流时间

若进水硝态氮浓度可以忽略（$S_{NO_3,ZB}=0$ mg/L），则前置反硝化所需的回流比(RF)依下式计算：

$$RF = \frac{S_{NO_3, D}}{S_{NO_3, AN}} \quad [-] \tag{51}$$

若进水口的硝态氮浓度较高，则回流量应相应降低。

硝态氮是通过污泥回流和内回流（Q_{RZ}）进行回流的。内回流并非总是必要的（例如间歇式反硝化）。回流比可表示为：

$$RF = \frac{Q_{RS}}{Q_{T, 2h, max}} + \frac{Q_{RZ}}{Q_{T, 2h, max}} \quad [-] \tag{52}$$

依式(51)确定 RF，再依式(52)确定内回流 Q_{RZ}。前置反硝化的最大效率依下式计算：

$$\eta_0 \leqslant 1 - \frac{1}{1+RF} \quad [-] \tag{53}$$

对于多级串联反硝化工艺，反硝化效率则由最后一级的负荷比例（x_i）决定；必要情况下必须考虑到内回流的影响。依下式计算：

$$\eta_0 \leqslant 1 - \frac{x_i}{(1+RF)} \quad [-] \tag{54}$$

对于间歇式反硝化工艺，循环时间（$t_T = t_N + t_D$）可依式估算：

$$t_T = t_R \cdot \frac{1}{(1+RF)} \quad [h] \tag{55}$$

停留时间 $t_R = V_{BB}/Q_{T,2h,max}$ 和回流时间 (t_T) 的单位相同,循环时间不应小于 2 小时。

对于前置反硝化与后续同步/间歇式反硝化的组合工艺,前置阶段 ($OV_{C,D,Vg}$) 的需氧量依式 (33) 计算。可反硝化的硝态氮浓度依下式计算:

$$S_{NO_3,D,Vg} = OV_{C,D,Vg}/2.86 \quad (mg/L) \qquad (56)$$

组合工艺前端部分所需的回流比 (RF) 可依下式计算:

$$RF = \frac{S_{NO_3,D,Vg}}{S_{NO_3,AN}} \quad [-] \qquad (57)$$

7.3 需氧量

氧气消耗量包括碳去除 (含内源呼吸) 的消耗量、以及特定情况下硝化反应的需氧量以及反硝化反应提供的氧量。

碳去除的耗氧量可直接通过 COD 平衡,依公式 (27) 计算:

$$OV_{d,C} = Q_{d,Konz} \cdot OV_C/1\,000 \quad [kg\ O_2/d] \qquad (58)$$

对于硝化反应,氧化每 kg 氮的耗氧量为 4.3 kgO_2。

$$OV_{d,N} = Q_{d,Konz} \cdot 4.3 \cdot (S_{NO_3,D} - S_{NO_3,ZB} + S_{NO_3,AN})/1\,000 \quad [kg\ O_2/d] \qquad (59)$$

反硝化可为碳降解提供的氧量,按反硝化每 kg 氮回收 2.86 kg O_2 计算:

$$OV_{d,D} = Q_{d,Konz} \cdot 2.86 \cdot S_{NO_3,D}/1\,000 \quad [\text{kg O}_2/\text{d}] \quad (60)$$

在曝气设计中,应至少考虑分四种负荷情况来计算小时耗氧量。相关负荷情况的分析参见本规程第 5 节。负荷情况 1 至 4 中均涉及污染负荷和温度的变化,应针对每个负荷情况进行相应的计算。

■ 负荷情况 1:实际状态下的平均耗氧量,$OV_{h,aM}$

该负荷情况用于分析曝气系统的年能源消耗量、年曝气能耗成本、在条件变化框架内的项目成本现值和在功能性招标中的报价比较。该负荷情况氧的需氧量是按照在年均污染负荷和年均温度下,以运行的实际状态进行分析:

$$OV_{h,aM} = \frac{(OV_{d,C,aM} - OV_{d,D,aM}) + OV_{d,N,aM}}{24} \quad [\text{kg O}_2/\text{h}]$$
$$(61)$$

■ 负荷情况 2:实际状态下的最大耗氧量,$OV_{h,max}$

该负荷情况用于确定曝气和搅拌设备规格。分别按污水最高温度下的耗氧量,或者冬季污水最低温度下调试运行时的耗氧量来确定。如果存在季节性波动,还应考虑相应季节有决定性作用的温度:

$$OV_{h,max} = \frac{f_C(OV_{d,C,max} - OV_{d,D,max}) + f_N \cdot OV_{d,N,max}}{24}$$
$$[\text{kg O}_2/\text{h}] \quad (62)$$

■ 负荷情况 3:实际状态下的最低耗氧量 $OV_{h,min}$

该负荷情况同样用于确定曝气和搅拌设备规格,根据调试运行情况确定鼓风机机组分级和验算最低进风量。此外，还用于确定表面曝气机的工作范围和特定情况下与搅拌器的必要组合。

如果设施负荷在夜间没有显著变化，则碳去除的最小需氧量可简化为内源呼吸的耗氧量：

$$OV_{h, min} = \frac{OV_{d, C, aM}}{\left(\dfrac{3.92}{t_{TS} \cdot 1.072^{[TaM-15]} + 1.66}\right) \cdot 24} \quad [\text{kg O}_2/\text{h}]$$

(63)

如果设施在夜间也有显著的负荷变化，例如有工业污水流入时，则应采用与确定最大需氧量近似的方式，或者采用实际检测，或者估算的方法，对夜间负荷最小需氧量进行分析，计算低负荷季节的最小需氧量。

如果在曝气系统设计中对最小需氧量考虑不足，通常会导致进入曝气区的氧输入量增加，从而反硝化产生不利影响，其影响因反硝化工艺不同而不同。

■负荷情况 4：预测状态和特定情况下修订状态的耗氧量数值

设计应结合地区发展规划留有适当的余量，并进行修订状态下的耗氧量计算。

对于间歇式曝气，应考虑非曝气时间的曝气增加系数（f_{int}），见式(64)：

$$f_{int} = \frac{1}{1 - V_D/V_{BB}} \quad [-]$$

(64)

小时需氧量的计算,应考虑负荷系数 f_C 和 f_N。

碳负荷冲击影响系数 f_C 是最大小时碳去除的耗氧量与平均耗氧量的比值。由于存在固体物水解影响,故与相应的 COD 负荷不成比例关系。其详细情况参见 ATV(1997a):5.2.8.3。负荷系数的数值参见本规程表 7。

氮负荷冲击影响系数 f_N 应依据本规程 5.1.3 的规定,测定分析确定。无测定资料亦可采用本规程表 7 中的数值。

表 7　需氧量的影响系数

参数	泥龄,单位为 d					
	4	6	8	10	15	25
f_c	1.3	1.25	1.2	1.2	1.15	1.1
$f_N^{*)}$ 针对 $B_{d, COD, z}$ ≤2 400 kg/d				2.4	2.0	1.5
$f_N^{*)}$ 针对 $B_{d, COD, z}$ >12 000 kg/d			2.0	1.8	1.5	

注:$f_N^{*)}$,没有 f_N 的测量数据时作为辅助。

由于硝化作用的耗氧量高峰通常发生在碳去除的耗氧量高峰之前,因此必须进行两次计算,以确定小时的最大需氧量,一次以 $f_C=1$ 和确定的 f_N 值计算,另一次以 $f_N=1$ 和设定的 f_C 值计算。取两者高的 OV_h 为设计值。

负荷系数在很大程度上决定了供氧量输入的变化范围,合理确定供氧量在能源和运行管理方面均具有重要意义。

曝气的详细设计请见德国水协规程 DWA-M 229-1,特别是曝气系统的选择(表面或压力空气曝气)、曝气的技术规格设计及机械设备的设计,其中包括鼓风机的选择设计。

7.4 碱 度

通过硝化以及投加金属盐（Fe^{2+}、Fe^{3+}、Al^{3+}）进行除磷都会降低碱度（碳酸氢根浓度，按 DIN 38409-7 测定），这也会导致曝气池的 pH 值下降。

pH 值偏低，不会对硝化细菌产生不利影响，但会影响污泥的絮凝，从而导致生物体从出水中流失。在某些情况下甚至可导致最小污泥泥龄无法满足硝化的反应的要求（TEICHGRÄBER，1991）。

曝气池进水碱度（$S_{KS,ZB}$，单位为 mmol/L）主要由饮用水的碱度（硬度）以及尿素和有机氮的氨化形成的碱度组成。

碱度受硝化（包括反硝化过程的碱度回收在内）反应和磷酸盐沉析而降低，出水碱度按式(65)计算：

$$S_{KS,AB} = S_{KS,ZB} - [0.07 \cdot (S_{NH_4,ZB} - S_{NH_4,AN} + S_{NO_3,AN} - S_{NO_3,ZB}) + 0.06 \cdot S_{Fe^{3+}} + 0.04 \cdot S_{Fe^{2+}} + 0.11 \cdot S_{Al^{3+}} - 0.03 \cdot X_{P,Fäll}] \quad [mmol/L] \quad (65)$$

式中碱度值以 mmol/L 计，其余浓度均以 mg/L 计。对于所选定的化学药剂必须分别考虑其游离酸和碱含量。

日平均剩余碱度要依据最不利的负荷情况来确定，即一般按照在深度硝化反应、限制反硝化反应和化学药剂最大使用量的情况下分析计算。如果这些条件不是同时出现的，则应按照不同的负荷进行分析计算。

出水碱度不应低于 $S_{KS, AB}=1.5$ mmol/L。必要时,应投加碱性药剂中和。但是应避免局部 pH 值过高(>8.3),否则会出现快速脱碳反应,更加适得其反。只有在二氧化碳含量充足的情况下,才能使用石灰乳液或石灰悬浊液,否则必须采用石灰水、碳酸氢钠或其他缓冲药剂。

在氧利用率较高的深层曝气池中(≥6 m),由于不能及时将生物反应形成的碳酸(CO_2)释放出去,即便在碱度足够的情况下,pH 值仍会降到 6.6 以下。不同氧利用率情况下的曝气池出水碱度及 pH 关系详见表 8,也可按照相关文献计算。只有当有证据表明活性污泥受到破坏时,才需要采用药剂进行中和。

表 8　氧利用率、碱度与曝气池 pH 值关系一览表(TEICHGRÄBER, 1991)

$S_{KS, AB}$ (mmol/L)	与平均氧利用率对应的曝气池中的 pH 值				
	6%	9%	12%	18%	24%
1.0	6.6	6.4	6.3	6.1	6.0
1.5	6.8	6.6	6.5	6.3	6.2
2.0	6.9	6.7	6.6	6.4	6.3
2.5	7.0	6.8	6.7	6.5	6.4
3.0	7.1	6.9	6.8	6.6	6.5

7.5　好氧选择池的设计

设置好氧选择池有利于降低易降解有机物含量较高污

水中丝状细菌生长的风险,并且能够在曝气池之前发挥完全混合的作用。其特别适用于回流污泥和污水的剧烈混合,但是该池内发生的 BOD_5 或 COD 的降低会对反硝化产生不利影响。

用于生物除磷的厌氧混合池对污泥体积指数的影响与好氧选择池功能类似。

好氧选择池容积,可采用的容积负荷为 $B_{R,COD} = 20$ kg COD/(m³ · d)。

供氧量应按 $\alpha OC = 4$ kg O_2/m³ 池容·d 设计。

好氧选择池应采取二级串联的形式。详尽信息,特别是关于食品加工企业高浓度污水的处理的信息请见 ATV (1998a)文献和工作报告《现代污水处理设施的初级污水处理池》(DWA 2003)。

设计与运营视角 | **8**

8.1 初沉池

表面负荷对颗粒物分离效果起着决定性作用，在旱天最大 1 h 的峰值流量的初沉池表面负荷，可采用 $q_{A, VKB} = 2.5$ m/h 至 4 m/h。

旱天初沉池水平流速宜为 1 cm/s 左右，在旱天最大流量时，水平流速不宜大于 3 cm/s，以免搅动已经沉淀的污泥。

对于较大规模的污水处理厂，应考虑旁通管的设置，以及可以使某（几）个初沉池停运的措施，为可生物降解物降解物质用于深度反硝化反应提供主持。

如果初沉时间非常长，且在生物段水力停留时间较短时，运行要特别关注取样点，或者 2 小时抽样样品检测的出水 NH_4-N 监测值。或者是在雨天，从初沉池转移生物段的氮负荷导致的出水 NH_4-N 出现峰值。在此类情况下，应借助动态模型来模拟混合水流入的负荷情况。

如果将活性污泥设施剩余污泥送入初沉池与初沉污泥共同浓缩时，应保证最大流量情况下初沉停留时间不少于 1 小时，否则活性污泥很可能重新进入生物处理段。在污泥体积指数较高的情况下,剩余污泥不应进入初沉池中进行浓缩。在季节性出现较高指数值时,本说明同样适用。实践证明剩余污泥单独浓缩是更有利的。

从运营的角度而言,当固体含量过高而导致初沉污泥的排泥和输送困难时,可适当地将部分剩余污泥投加到初沉池中。

运营经验表明:在初沉池出口设计的溢流负荷通常不是影响运行的关键参数。

有关初沉池设计和运营的详尽说明和建议请见 ATV(1997c,1998b)相关文献。

8.2　曝气池

8.2.1　曝气池的构造形式

为了能够充分利用反应器的容积,应避免短流。

曝气和搅拌装置的布置见德国水协技术规程 DWA-M 229。

原则上设计应考虑相应的措施,以满足曝气池中的设备进行维修时,仍能够保证处理设施的正常运行。在池底应设置集泥槽和泵坑,满足曝气池放空时对活性污泥的收集。

8.2.2　泡沫和浮渣的收集

在一定条件下,在曝气池、反硝化池或者在厌氧混合池表面会产生泡沫和浮泥。为了减少泡沫和污泥的积累,在水池中应设置隔板。隔板底部应开设小孔,以防止充水和排空时隔板的单边水压过高。基于同样的原因,曝气池的出水渠前不宜设置挡板。溢流时,水流通常会将出水渠内的泡沫消除。

设计应设置消泡和漂浮污泥的清除设施。如在二沉池前设置配水装置,或者与曝气池共用开放式的出水渠道。设计应设置适宜的抽吸设备,但抽吸的泡沫/污泥都不得回流进入曝气池中,也不得直接输送进入消化池中。

8.2.3　内回流泵的控制

由于内回流的水头较小,在很多情况下只能估算确定内回流泵的参数。为了防止过高的回流量,导致向反硝化区输送过多的溶解氧,故应设置流量控制或调流装置,或者采用变频控制器。回流量的控制参数是硝态氮检测值。

8.2.4　非硝化设施中亚硝态氮的形成

在某些特定条件下(如高温、低负荷),仅为除碳设计的生物设施,在某些时间段会发生硝化反应,则此时的耗氧量就会增加,出水中亚硝态氮的浓度也会增加,应通过增加供氧量来消除其不利影响。如果无法增加供氧量,则应降低污泥泥龄(增加剩余污泥量排放量)。在这种情况下,配有反硝化的设施就更有意义。

8.2.5　生物除磷

污水处理设施中出水的磷监测值一般无法仅靠生物除

磷得以满足。因此,通常需设置同步沉析措施。在降雨期间,生物除磷可能会受到干扰,例如,厌氧池会因回流有氧进入,或富含磷酸盐的活性污泥被加速排入后续池中。因此,化学药剂罐及加药设施设计时,本规程式(35)中计算 $X_{\text{P, Fäll}}$ 应取 $X_{\text{p, BioP}}=0$。污泥产量则无需变化,且污泥处理也不需按此条件设计。

　　具有生物除磷设施时,剩余污泥必须以机械方式浓缩,并且不得通过初沉池排放。

8.3　二沉池

8.3.1　概述

　　本规程涉及的是构筑物形式的设计。不包括建造和设计工作的其他内容。后续的结构设计和设备安装,如平面设计、地基基础、施工流程、交通安全等,参见 ATV 手册《污水机械处理》(1997b):3.5 和 ATV(1997c)。

8.3.2　以水平流为主的二沉池

池体尺寸:

　　圆形二沉池的直径宜为 30 m 至 50 m。大型圆形二沉池溢流堰出水均匀性会受风力等因素的影响。出于工艺技术的原因,直径小于 20 m 的圆形二沉池应按竖向流或以竖向流为主的池型计算和设计(参见本规程 6.5 和 6.7)。

进水区：

进水口设计对二沉池的分离效率有着决定性的影响。

活性污泥应尽可能均匀和水平地分布在进水口区域，见本规程 6.8 和 ATV(1998a)的相关规定。

在进入沉淀区之前，特别是对于深层曝气池混合液，应进行有效絮凝和脱气。深层曝气池也可以通过在进水口、或配水槽、或曝气池的最后部分中设置脱气区得以实现，同时在脱气区应设置漂浮污泥的排放口。

出水区：

二沉池内的泥水分离必须通过有效的水力集水装置来实现。对于圆形二沉池，出水渠宜设置在外壁上，收集池内清水。溢流堰负荷应小于等于 20 $m^3/(m \cdot h)$，对于双侧收水的出水槽则是小于等于 2×10 $m^3/(m \cdot h)$。当溢流负荷大于 10 $m^3/(m \cdot h)$时，应采用德国工业标准 DIN 19558 的 B 型堰。

径向设置的淹没式穿孔集水管（ATV 1997d），或多条集水渠是受干扰较少的集水方式。但是应考虑水位波动对水力条件和对悬浮污泥排放装置形式的影响。

为了避免悬浮污泥出流，应在距集水渠约 30 cm 处设置挡水板，其淹没深度约为 20 cm。

污泥斗：

采用刮板式刮泥机的二沉池，当没有附加浓缩的要求，则无需较大的污泥斗。污泥斗构造形式的设计和施工，应以保证无沉淀物的积累为前提。故泥斗斗壁应尽量光滑，倾斜度应大于 1.7：1。对于矩形二沉池应做到泥斗边沿的光滑圆润。

8.3.3 以竖向流为主的二沉池

竖向流向的二沉池可建造成圆形或矩形池,它们通常比水平流的二沉池更深。进水口至水面的竖直分量 h_e 与至池边水平分量的比例应大于 $1：2$,以确保絮状过滤区的形成。

圆形水池和斗形二沉池:

斗形二沉池(多特蒙德池形——中心进水竖向流沉淀池)是最常见的竖向流二沉池形式。斗形二沉池进水是向上均匀分布水量的,应保证絮凝过滤层的形成和稳定。至少有 75% 的池深应是斗形的,斗壁倾斜度应大于 $1.7：1$。只有在斗壁面做到非常光滑、精细的情况下,则斗壁倾斜度可放宽至 $1.4：1$。大多数情况,斗壁应倾斜至污泥排放区,可无需机械排泥。

对于平底的圆形水池,必须采用刮泥机将污泥刮向污泥排放口。

矩形二沉池:

竖向流矩形二沉池通常为平底。水流从横断面进入池中,其实现均匀配水是非常重要的。应采用纵向移动的虹吸式刮泥机进行排泥。对于最大长度小于 25 m 的二沉池,则可多泥斗的吸泥管排泥

进水区:

平底的竖向流向的矩形和圆形水池的进水区设计要求,同水平流的二沉池。

斗形二沉池采用中心进水,其进水结构是淹没式的圆柱

体,进水水流经折弯后进入二沉池体内。淹没式圆柱进水口下缘即为浓缩区和排泥区的上缘。中心进水柱体直径为二沉池计算面积直径的 $1/5\sim1/6$。

横断面进水的矩形二沉池,其进水水流应沿池深均匀分配到二沉池中。

出水区:

竖向流的二沉池的出水区设计要求,同水平流二沉池。

在圆形二沉池和斗形池中,径向布置的集水槽或集水管可促进水流在二沉池内均匀流动。淹没式穿孔管的优点是,对悬浮污泥的清除无阻碍。清水的表层排放有助于提高矩形二沉池的水力效率。在矩形水池中应沿纵向设置在双侧进水的集水槽。

8.4   回流污泥

从运营的角度来看,实现回流污泥的流量控制或调节是非常重要的(BORN 等人,1999 年)。应满足如下运营要求:

■ 确保所需的活性污泥回流,以维持曝气池中需要的干物质含量;

■ 可关闭沉淀池、浓缩池、排泥池和曝气池之间的污泥回流;

■ 必要时,应支持二沉池实现均匀配水和絮凝过滤层的形成。

对于连续性,或基本连续调节回流污泥量与流量的比值

（保持 RV 恒定）时，低进水量的情况下，回流量也应是旱天流量 $Q_{T, aM}$ 的 0.75 至 1 倍。为了避免雨天开始时，雨污混合水和回流污泥产生较大的水力冲击，应延时提升回流污泥泵的启动和流量，平稳调整回流污泥流量，如可以平均延后 1 h 至 2 h。

应清楚地检测和记录回流污泥量。进一步来说，应至少在一个二沉池内设置污泥泥位检测装置。

模拟 9

9.1 反应动力学模型

经过几十年以学术研究为主的发展,目前动态模拟已在实践中得到广泛应用。模拟可以解答超出设计范畴的问题,并将仿真模型用于污水处理设施的设计和运行中。大学院校模拟团队(GUJER 等人,1999；ALEX 等人,2014)在"活性污泥模型"(ASM)第 3 号模型的基础上又进行了开发,除将该模型与技术规程 DWA‐A 131 的静态设计结果进行比较外,还开发了反应器模型(初沉池和二沉池的普通模型)和进水区水流分布模型(AHNERT 等人,2014)。通过 COD 成分定义的标准参数(LANGERGRABER 等人,2008),可使设计计算结果和模型直接进行比较。

"动态模拟"所依据的基础数据与设计是相同的,例如 24 h 混合样。对于旱天的进水流量图可做标准设定,典型的雨天混合水进水方案、污水处理厂污泥区等处理过程来水的日投加或周投加均同样可做设定(LANGERGRABER 等人,2008)。

依据这些前提条件,即可通过动态模拟细化计算。其具有以下优势：

■ 可对水池进行形态设计、多级串联进水分配和进水分流的量化计算；

■ 可对不同的负荷时（平均、峰值等）的出水浓度进行估算，包括雨天合流进水情况下，对出水水质有进一步要求时，也可进行模拟；

■ 可对特殊进水条件情况时（例如降雨事件、工业污水进入影响等）的情况进行量化计算；

■ 可对工艺技术组合进行量化（例如前置反硝化与间歇式、交替式工艺相组合，固着生物量等）；

■ 可对污水处理厂内后续设施增设、系统整体性评估、污泥区来水处理效果或运营措施进行评估；

■ 可对相同基础条件下的处理情景进行比较和评价；

■ 可用于确定关键运行点、反应的发展变化趋势，并制定相应对策；

■ 可用于后续自动化和运维方案的评估和量化；

■ 可用于例如曝气装置或曝气单元的分布设计；

■ 可用于现有数据库的整合；

■ 可用于对实际状态的模拟，验证基础数据。

动态模拟最大的优势还体现在扩建规划设计上。将有可能进一步利用的现有数据详细地纳入模型中，以研究不同的扩建方案。这是传统的设计方法无法实现，或者需要付出巨大的努力才有可能可实现的。可用于根据历史数据评价现有设施的实际进水运行效果等。由于历史数据已经包含在基础数据库中，故通过对历史数据的长期模拟，可省去对实际状态负荷情况的分析,但是仍需进行必要的预测。

9.2 流体的数值化模型

利用用于活性污泥工艺的动态模拟中简化二沉池模型,可以在动态负荷情况下(例如雨天合流进水)模拟曝气池和二沉池中污泥沉积情况。

借助流体动力学二维或三维模型—CFD 模型(CFD = Computational Fluid Dynamics)可以复核配水设施、曝气池和二沉池的功能,并从流体力学技术方面对这些设施的构造进行优化(ATV, 2000a),如:

- 配水设施的预期功能;
- 优化曝气池中的水力条件(过流口的布设、短流消除、池底流速保证、曝气设备和搅拌器的定位等);
- 保证二沉池的功能,特别用于现有二沉池改造,借助于流量模型优化进水口的设计,可以显著提高二沉池效率。

此外,现在还可将工艺动力学模型与流态模型进行耦合,这种耦合模型可用于优化和改进工艺技术,优化曝气池和二沉池设计及两者间的相互关系。

在污水处理设施规划范围内的一段活性污泥设施费用测算可按相关方法分析确定。各类工艺净化效果比较,如生物膜法、滴滤池、生物滤池、多级工艺等,可在结合必要的净化性能和设施使用寿命的情况下,同时考虑投资和运营寿命周期成本,借助动态成本比较法进行计算(DWA,2012)。

一段活性污泥设施产生的噪声和异味应在可测量范围内。其邻近地区的承受度可按《德国排放保护法》(BImSchG)和《空气质量保持技术规范》(TA Luft)规定进行。

在污水处理过程中会排放甲烷(CH_4)和一氧化二氮(N_2O),其尚未被量化。污水处理设施运行过程中排放的温室气体,可以假定 1/3 与能源相关、1/3 为污水处理产生的甲烷和一氧化二氮、1/3 为污泥处理产生的甲烷。各种工艺配置产生的温室气体尚未有详细说明(TEICHGRÄBER,2014)。

附录 A (供参考):反硝化设计计算图示

好氧污泥泥龄	$t_{\text{TS, aerob, Bem}} = \text{PF} \cdot 1.6 \cdot \dfrac{1}{\mu_{\text{A, max}}} = \text{PF} \cdot 1.6 \cdot \dfrac{1.103^{(15-T)}}{0.47}$ [d]
估算 V_D/V_{BB}	V_D/V_{BB} [-]（估算：0.2~0.6）
$t_{\text{TS, Bem}}$	$t_{\text{TS, Bem}} = t_{\text{TS, aerob, Bem}} \cdot \dfrac{1}{1 - V_D/V_{BB}}$ [d]
污泥产量的计算 产率系数	$X_{\text{COD, BM}} = (C_{\text{COD, abb, ZB}} \cdot Y_{\text{COD, abb}} + C_{\text{COD, dos}} \cdot Y_{\text{COD, dos}}) \cdot \dfrac{1}{1 + b \cdot t_{\text{TS}} \cdot F_T}$ [mg/L] $X_{\text{COD, innet, BM}} = 0.2 \cdot X_{\text{COD, BM}} \cdot t_S \cdot b \cdot F_T$ [mg/L] $Y_{\text{COD, abb}} = 0.67$ [kg COD_{BM}/kg COD_{abb}] $Y_{\text{COD, abb}} = 0.42 \sim 0.45$ [kg COD_{BM}/kg COD_{dos}] 依据本规程表 1
计算用于反硝化的硝酸盐	$S_{\text{NO3, D}} = C_{\text{N, ZB}} - S_{\text{orgN, AN}} - S_{\text{NH4, AN}} - S_{\text{NO3, AN}} - X_{\text{orgN, BM}} - X_{\text{orgN, inert}}$ [mg/L] • $S_{\text{orgN, AN}} = 2$ mg/L • $S_{\text{NH4, AN}} \approx 0$ mg/L • $S_{\text{NO3, AN}} = 0.8$ bis $0.6\ S_{\text{anorgN, ÜW}}$ [mg/L] • $X_{\text{orgN, BM}} = 0.07 \cdot X_{\text{COD, BM}}$ [mg/L] • $X_{\text{orgN, inert}} = 0.03 \cdot (X_{\text{COD, inert, BM}} + X_{\text{COD, inert, ZB}})$ [mg/L]
碳降解所消耗的 O_2: - 合计; - 易降解 COD 部分的 "OV_C", 分别适用于前置和间歇式反硝化; - 反硝化区的 "耗氧量"	$OV_C = C_{\text{COD, abb, ZB}} + C_{\text{COD, dos}} - X_{\text{COD, BM}} - X_{\text{COD, inert, BM}}$ [mg/L] 1) $OV_{\text{C, la, Vorg}} = f_{\text{COD}} \cdot C_{\text{COD, abb, ZB}} \cdot (1-Y) + C_{\text{COD, dos}} \cdot (1 - Y_{\text{COD, dos}})$ [mg/L] 2) $OV_{\text{C, la, int}} = C_{\text{COD, dos}} \cdot (1 - Y_{\text{COD, dos}})$ [mg/L], 仅适用于 "反硝化区" 投加碳源 1) $OV_{\text{C, D}} = 0.75 \cdot [OV_{\text{C, la, vorg}} + (OV_C - OV_{\text{C, la, vorg}}) \cdot (V_D/V_{BB})^{0.68}]$ [mg/L], 前置反硝化 2) $OV_{\text{C, D}} = 0.75 \cdot [OV_{\text{C, la, int}} + (OV_C - OV_{\text{C, la, int}}) \cdot (V_D/V_{BB})]$ [mg/L], 间歇式反硝化, 包括有针对性碳源投加 3) $OV_{\text{C, D}} = 0.75 \cdot OV_C \cdot V_D/V_{BB}$ [mg/L], 同步反硝化 • 硝酸盐呼吸的系数 = 0.75。前置反硝化区呼吸量增加 = $(V_D/V_{BB})^{0.68}$。 • $f_{\text{COD}} = C_{\text{COD, la.ZB}}/C_{\text{COD, abb, ZB}}$（城市污水中易降解 COD 的比例为 0.15 至 0.25；超过该范围应予以验证）

"O_2 消耗" 和 "O_2 供给" 的比较	$x = \dfrac{OV_{\text{C, D}}}{2.86 \cdot S_{\text{NO3, D}}}$	
$x > 1$	$x = 1$	$x < 1$
$V_D/V_{BB} \downarrow$ 或 $C_{\text{COD, dos}} \downarrow$	下步计算 ⬇	$V_D/V_{BB} \uparrow$ 或 $C_{\text{COD, dos}} \uparrow$
$\ddot{U}S_d = \ddot{U}S_{\text{d,c}} + \ddot{U}S_{\text{d,p}}$		
来自二沉池设计的 TS_{BB} [kg/m³]		
$V_{BB} = M_{\text{TS, BB}}/TS_{BB} = \ddot{U}S_d \cdot t_{\text{TS}}/TS_{BB}$ [m³]		

附录 B (供参考):污泥排泥区设计

B.1 固体物质平衡的排泥区验证

因在安装有刮板刮泥机的进水口与排泥口之间、安装虹吸式吸泥机浓缩区以上区域会出现短流 Q_K,故排泥体积流量 Q_{SR} 通常小于回流污泥流量 Q_{RS},短流流量可依下式计算:

$$Q_K = Q_{RS} - Q_{SR} \quad [\mathrm{m^3/h}] \quad (B1)$$

Q_K 因回流污泥流量而异,其介于 $0.4Q_{RS}$ 到 $0.8Q_{RS}$ 之间。

由于短流量 Q_K 的稀释作用,回流污泥的干物质含量 TS_{RS} 低于底泥的干物质含量 TS_{BS}。其固体物质平衡可依下式计算:

$$Q_{RS} \cdot TS_{RS} = Q_{SR} \cdot TS_{BS} + Q_K \cdot TS_{BB} \quad [\mathrm{kg/h}] \quad (B2)$$

B.2 水平流的圆形水池内的刮泥装置

在圆形水池中刮泥时间间隔即为一个刮泥周期的持续时间,可依下式计算:

$$t_{SR} = \frac{\pi \cdot D_{ND}}{v_{SR}} \quad [\mathrm{h}] \quad (B3)$$

圆形水池内刮板式刮泥机排泥流量可依下式计算:

$$Q_{SR} = \frac{h_{SR} \cdot a \cdot v_{SR} \cdot D_{NB}}{4 \cdot f_{SR}} \quad [m^3/h] \quad (B4)$$

刮泥机行进速度与水池边沿长度有关。刮泥机刮板臂的数量 a 应依据池体直径和排泥量来选定。

对于虹吸式刮泥机而言,由于回流污泥 Q_{RS} 的缘故,所以无法将其分为排泥流量和短流流量。其中部分池底污泥在池边沿会被清水稀释。

抽吸管(立管)内的流速应介于 0.6 m/s 至 0.8 m/s 之间,且抽吸管之间的距离不应超过 3 m 至 4 m。其行进速度 v_{SR} 与刮板式刮泥机相等。抽吸功率应能从水池中心向外侧分级调节,以将所附加水力负荷保持在较低水平。

有关刮泥机装置相关设计参数详见表 B1。

表 B1 刮泥机相关设计参数

参数	公式符号	单位	圆形水池	矩形水池	
			刮板式刮泥机	桥式刮泥机	链板式刮泥机
刮板式刮泥机或桥式刮泥机刮板高度	h_{SR}	m	0.3~0.6	0.3~0.8	0.15~0.30
行进速度	v_{SR}	m/h	72~144	最大 108	36~108
回退速度	$v_{Rück}$	m/h	—	最大 324	—
刮泥系数[*]	f_{SR}	—	1.5	≤1.0	≤1.0

注:[*] 刮泥系数是刮泥机在刮泥时间间隔内设计排泥流量与实际排泥流量的比值。

B.3   矩形水池中的刮泥机

刮板式刮泥机的刮泥间隔时间需综合考量刮泥板升降时间 $t_S(h)$、刮泥机行程 $l_W(l_W \approx l_{NB})$ 和回程时间,依下式计算:

$$t_{SR} = \frac{l_W}{v_{SR}} + \frac{l_W}{v_{Rück}} + t_S \quad [h] \qquad (B5)$$

排泥流量 Q_{SR} 与刮板到排泥点的距离、刮板下降距离 $l_{SR}(\approx 15 \cdot h_{SR})$,刮板长度 b_{SR}(在有垂直壁的水池中 $\approx b_{NB}$)有关,依下式计算:

$$Q_{SR} = \frac{h_{SR} \cdot b_{SR} \cdot l_{SR}}{f_{SR} \cdot t_{SR}} \quad [m^3/h] \qquad (B6)$$

矩形二沉池的长度宜小于 60 m。若长度超过 40 m,则宜设置相邻的两排污泥斗,保证污泥回流的均匀。

刮板式刮泥机和链板式刮泥机的刮泥系数 f_{SR} 小于 1.0 时,则表明在污泥层上方存在一个附加的污泥输送层。

对于链板式刮泥机而言,可依链板式刮泥机刮板长度 ($l_B \approx l_{NB}$)计算刮泥时间间隔:

$$t_{SR} = \frac{l_B}{v_{SR}} \quad [h] \qquad (B7)$$

链板式刮泥机排泥体积流量 Q_{SR} 可依下式计算:

$$Q_{SR} = \frac{v_{SR} \cdot b_{SR} \cdot h_{SR}}{f_{SR}} \quad [\mathrm{m^3/h}] \qquad (B8)$$

链板式刮泥机刮板的距离应是刮板高度的 15 倍左右。

对于虹吸式吸泥机的设计同样适用上述规定,但是排泥速度应介于 36 m/h 至 72 m/h 之间。由于虹吸式吸泥机的特点,依吸泥机在二沉池的不同位置,在池长方向不可避免会产生周期性的短流稀释作用。

B.4 固体物质平衡的验证

刮排泥系统的设计必须确保排放污泥体积流量 Q_{SR} 满足公式(B9)的计算要求:

$$Q_{SR} \geqslant \frac{Q_{RS} \cdot TS_{RS} - Q_K \cdot TS_{BB}}{TS_{BS}} \quad [\mathrm{m^3/h}] \qquad (B9)$$

其中,对于 TS_{RS} 应采用本规程 6.3 中确定的回流污泥的干物质含量。

附录 C   (供参考):过渡区及缓冲区的设计

计算过渡和缓冲区 h_{23} 的各个部分。

在本规程 6.7 中对功能区的各个组成部分进行了说明,并据此计算出二沉池所需池深。为了便于理解技术规程修订过程中的公式制定和各个功能区高度的正确计算,故对过渡区和缓冲区 h_{23} 的各个组成部分做出说明。

清水和污泥的分离区之间的区域(定义为:"过渡区")高度是依据经验公式确定的,其是按照半小时内进水体积进行计算,也包括回流污泥量。其高度 h_2 依式(C1)计算得出。

$$h_2 = \frac{0.5 \cdot q_A \cdot (1+RV)}{1-VSV/1\,000} \quad [\text{m}] \quad\quad (\text{C1})$$

缓冲区功能是储存如在雨天由曝气池"冲出"的活性污泥,并在此浓缩后被重新回流至曝气池。缓冲区的设计应能够确保在雨天水量 Q_M 时,储存 1.5 小时内从曝气池中额外流出的浓度为 $500\ \text{L/m}^3$ 的污泥体积($0.3 \cdot TS_{BB} \cdot SVI$)。在这段时间内活性污泥沉入浓缩区,并假定其均匀分布在二沉池表面积 A_{NB} 上(KAYSER,2001,65/66)。

因此,缓冲区的深度 h_3 由本规程公式(44)分离出来为:

$$h_3 = \frac{1.5 \cdot 0.3 \cdot q_{SV} \cdot (1+RV)}{500} \quad [\text{m}] \quad\quad (\text{C2})$$

过渡和缓冲区的总深度 h_{23} 是由 h_2 和 h_3 之和,其中公式(44)中方括号内的最后一个值取整数值。

来源及参考文献说明

法　律

欧洲法

欧盟 2006 年 12 月 18 日的第 1907/2006 号条例（EG），关于化学品注册、评估、授权和限制（REACH）、欧洲化学品机构的建立、第 1999/45/EG 号规定的修改。理事会第 793/93 号条例和第 1488/94/EG 号条例、理事会第 76/769/EWG 号规定、第 91/155/EWG、93/67/EWG、93/105/EG 和 2000/21/EG 号和 2006 年 12 月 30 日欧洲的技术规程 L396，第 1 至 851 页指令的废除。

欧盟 1991 年 5 月 21 日关于城市污水处理的第 91/271/EWG 号指令；1991 年 5 月 30 日的技术规程 L135，第 40 至 52 页。

欧盟 2008 年 12 月 16 日关于水政策领域的环境质量标准的第 2008/105/EG 号规定，修订并随后废除的第 82/176/EWG、83/513/EWG、84/156/EWG、84/491/EWG 和 86/280/EWG 号规定，修订的第 2000/60/EG 号指令；2008 年 12 月 24 日的技术规程 L348，第 84 至 97 页。

联邦法律

《德国排放防治法》（BImSchuG）：2013 年 5 月 17 日公布

的《关于防止空气污染、噪音、振动和类似过程对环境造成有害影响的法案》,见《德国法律公报》第一卷第 1274 页,最近一次修订为 2015 年 8 月 31 日的《条例》第 76 条,见《德国法律公报》第一卷第 1474 页。

《污水条例》(AbwV):2004 年 6 月 17 日公布的《关于向水体排放污水要求的条例》,见《德国法律公报》第一卷第 1108、2625 页。最近一次修订为 2014 年 9 月 2 日的《条例》第 1 条完成,见《德国法律公报》第一卷第 1474 页。

《空气质量保持技术规程》(TA Luft):2002 年 7 月 24 日《德国排放保护法第一部基本管理规定》,《德国部委联合公报》2002 年 7 月 30 日第 25 至 29 号,第 511 页。最近一次修订为 2014 年 12 月 1 日,第 1603 页。

利用本技术规程中推荐的设计值,经一段活性污泥设施处理后的城市污水可以达到或优于德国国家层面的最低要求。以往版本中硝化和反硝化活性污泥设施的规格设计过程以实测的 BOD_5 负荷为基础,但现在完全以 COD 为基础进行设施设计。

技术规程 DWA-A 131 不仅介绍了工艺流程、设计程序和设计依据,而且涉及到污泥量的计算和二沉池及曝气池的规格设计计算。此外,本技术规程还涉及规划和运营方面的问题。并且阐释了进行动态模拟的可能性,也包括方案比较、自动化功能和运营管理方案效果的考虑和量化。

本技术规程所面向的对象是污水处理设施的运营人员、规划设计工程师和审批部门。

技 术 规 则

DIN 标准

DIN 19558(2002 年 12 月)：污水处理设施—水池中的排放设备、溢流堰和淹没墙、淹没穿孔管—建造原则、主要尺寸、布置示例

DIN 38409-7(2005 年 12 月)：德国水、污水和污泥研究标准方法—效果和物质参数概要(H 组)—第 7 部分：测定酸碱容量(H 7)

DIN 38409-41(1980 年 12 月)：德国水、污水和污泥研究标准方法；效果和物质参数概要(H 组)—第 41 部分：15 mg/L 以上范围内化学需氧量(COD)的确定(H 41)

德国水、污水和废弃物处理协会 DWA 规程

ATV-DVWK-A 198(2003 年 4 月)：污水系统设计值的标准化和推导，技术规程

DWA-A 202(2011 年 5 月)：污水中除磷的化学与物理工艺，技术规程

DWA-A 222(2011 年 5 月)：人口当量 1 000 以内的好氧生物处理级的小型污水处理设施设计、建设和运行原则，技术规程

DWA-A 226(2009 年 8 月)：人口当量 1 000 以上带有污泥好氧稳定的活性污泥设施原则，技术规程

DWA-A 400(2008 年 1 月):德国水、污水和废弃物处理协会 DWA 关于规程制定的基本原则,技术规程

DWA-M 210(2009 年 7 月):序批式活性污泥设施(SBR),须知

DWA-M 221(2012 年 2 月):小型好氧生物污水处理设施规格设计、建设和运行原则,须知

DWA-M 229-1(2013 年 5 月):活性污泥设施的曝气和搅拌系统—第 1 部分:计划、招标和执行,须知

DWA-M 229-2(2016 年 6 月):活性污泥设施的曝气和搅拌系统—第 2 部分:运行,须知

DWA-M 256-2(2011 年 6 月):污水处理设施工艺过程技术—第 2 部分:氧含量测量设备,须知

ATV-DVWK-M 265(2000 年 3 月):活性污泥工艺中供氧量的调节,须知

DWA-M 268(2006 年 6 月):活性污泥工艺中脱氮的控制与调节,须知

DWA-M 269(2008 年 3 月):污水处理设施中氮、磷、碳的工艺测量设备,须知

ATV-M 271(1998 年 9 月):城市污水处理设施运营人员要求,须知

DWA-M 271(2016 年 4 月草案):城市污水处理设施运营人员要求,须知草案

参 考 文 献

AHNERT, M. ; ALEX, J. ; DÜRRENMATT, D. J. ; LANGERGRABER, G. ; HOBUS, I. ; SCHMUCK, S. ; SPERING, V. (2014): Dynamische Simulation als Bestandteil einer Kläranlagenbemessung nach DWA – A 131 — Praxisanwendung des ASM3$_{A131}$ und Fallbeispiele. In: KA — Korrespondenz Abwasser, Abfall, 62 (7), S. 615-624

AHNERT, M. ; ALEX, J. ; DÜRRENMATT, D. J. ; LANGERGRABER, G. ; HOBUS, I. ; SCHMUCK, S. ; SPERING, V. (2014). Voraussetzungen für eine dynamische Simulation als Bestandteil einer statischen Kläranlagenbemessung nach DWA – A 131. In: KA — Korrespondenz Abwasser, Abfall, 62 (5), S. 436-446

ARMBRUSTER, M. (2004): Untersuchungen der möglichen Leistungssteigerung von Nachklärbecken mit Hilfe numerischer Simulation. Dissertation Universität Karlsruhe. Verlag hydrograv GmbH, Dresden

ATV (1988a): Schlammräumsysteme für Nachklärbecken von Belebungsanlagen. Arbeitsbericht des Fachausschusses 2. 5. In: KA — Korrespondenz Abwasser, 35 (3), S. 263-274

ATV (1988b): Korrekturen zum Arbeitsbericht „ Schlammräumsysteme für Nachklärbecken von Belebungsanlagen". In: KA — Korrespondenz Abwasser, 35 (6), S. 611

ATV (1997a): ATV-Handbuch Biologische und weitergehende Abwasserreinigung. 4. Aufl. , Ernst & Sohn, Berlin

ATV (1997b): ATV-Handbuch Mechanische Abwasserreinigung. 4. Aufl. , Ernst & Sohn, Berlin

ATV (1997c): Konstruktive Aspekte der Planung von Nachklärbecken von Belebungsanlagen. Arbeitsbericht des ATV-Fachausschusses 2. 5. In: KA — Korrespondenz Abwasser, 44 (11), S. 2061-2064

ATV (1997d): Bemessung und Gestaltung getauchter, gelochter Ablaufrohre in Nachklärbecken — Bemessungsbeispiele. Arbeitsbericht des ATV-Fachausschusses 2. 5. In: KA — Korrespondenz Abwasser, 44 (2), S. 322-324

ATV (1998a): Blähschlamm, Schwimmschlamm und Schaum in Belebungsanlagen — Ursachen und Bekämpfung. Arbeitsbericht der ATV-Arbeitsgruppe 2. 6. 1. In: Korrespondenz Abwasser, 45 (10), S. 1959 – 1968, S. 2138

ATV (1998b): Konstruktive Aspekte der Planung von Nachklärbecken von Belebungsanlagen. Arbeitsbericht des ATV-Fachausschusses 2. 5. In: KA — Korrespondenz Abwasser, 45, S. 549

ATV (2000a): Grundlagen und Einsatzbereich der numerischen Nachklärbecken-Modellierung. Arbeitsbericht der ATV-

DVWK-Arbeitsgruppe KA-5. 2. In: KA — Wasserwirtschaft, Abwasser, Abfall, 47 (6), S. 893-896

ATV（2000b）: Rückbelastung aus der Schlammbehandlung; Menge und Beschaffenheit der Rückläufe. Arbeitsbericht der ATV-DVWK-Arbeitsgruppe AK-1. 3. In: KA — Wasserwirtschaft, Abwasser, Abfall, 47(8), S. 1181-1187

BORN, W. ; GRÜNEBAUM, TH. ; SCHMITT, F. ; THÖLE, D. ; WILKE, A. （1999）: Betriebsbeobachtungen an Nachklärbecken von Belebungsanlagen. In: gwf-Abwasser Spezial „Feststoffabtrennung", Heft 15, S. 5-10

CHOUBERT, J. -M. ; RIEGER, L. ; SHAW, A. ; COOP, J. ; SPÉRANDIO, M. ; SRØENSEN, K. ; RÖNNER-HOLM, S. ; MORGENROTH, E. ; MELCER, H. ; GILLOT, S. （2013）: Rethinking wastewater characterisation methods for activated sludge systems — a position paper. In: Water Science and Technology, 67. 11, pp. 2323-2373

CONTRERAS, E. ; BERTOLA, N. ; GIANNUZZI, L. ; ZARITZKY, N. （2002）: A modified method to determine biomass concentration as COD in pure cultures and in activated sludge systems. In: Water SA, Vol. 28, No. ISSN 0378-4738

DWA （2003）: Vorklärbecken in modernen Kläranlagen. Arbeitsbericht des DWA-Fachausschusses KA-5. In: KA — Abwasser, Abfall, 50 (8), S. 1057-1061

DWA （ 2011 ）: Erhebung von Belastungsdaten auf Kläranlagen. Arbeitsbericht des DWA-Fachausschusses KA-6. 6. In: KA — Abwasser, Abfall, 58 （3）, S. 238-247

DWA （ 2012 ）: Leitlinien zur Durchführung dynamischer Kostenvergleichsrechnungen （KVR-Leitlinien）. Fachbuch. 8. , überarb. Aufl. , DWA Deutsche Vereinigung für Wasserwirtschaft, Abwasser und Abfall e. V. , Hennef

DWA （ 2013 ）: Einlaufbauwerke von Nachklärbecken. Arbeitsbericht des DWA-Fachausschusses KA-5. In: KA — Korrespondenz Abwasser Abfall, 60 （4）, S. 290-298

DWA （2016）: Bemessung von Kläranlagen in warmen und kalten Klimazonen. DWA-Themen. DWA - Ausschuss BIZ 11. 3. In Bearbeitung

EKAMA, G. A. ; BARNARD, J. L. ; GÜNTHERT, F. W. ; KREBS, P. ; MCCORQUODALE, J. A. ; PARKER, D. S. ; WAHLBERG, E. J. （1997）: Secondary Settling Tanks. IAWQ Scientific and Technical Report, No. 6. IAWQ, London

GILLOT, S. ; CHOUBERT, J. -M. （2010）: Biodegradable organic matter in domestic wastewaters: comparison of selected fractionation techniques. In: Water Science and Technology, 62. 3, pp. 630-639

GUJER, W. ; HENZE, M. ; MINO, T. ; VAN LOOSDRECHT, M. （1999）: Activated Sludge Model No. 3. In: Water

Science and Technology, 39 (1), pp. 183-193

HARTMAN, L. (1992): Biologische Abwasserreinigung. 3. Aufl., Springer-Verlag, Berlin

HENZE, M. (1995): Determination of readily biodegradable substances. In: Bio-P Hannover 95, ISAH, Heft 92

HENZE, M.; GRADY, C. P. L. JR.; GUJER, W.; MARAIS, G. V. R.; MATSUO, T. (1987): Activated Sludge Model No. 1. IAWPRC Scientific and Technical Reports, No. 1, IAWPRC London

KAYSER, R. (2001): Bemessung von Belebungs-und SBR-Anlagen. ATV-DVWK Kommentar zum ATV-DVWK Regelwerk. ATV-DVWK Deutsche Vereinigung für Wasserwirtschaft, Abwasser und Abfall e. V. (Hrsg.), Hennef

KREBS, P. (1991): Modellierung und Verbesserung der Strömungen in rechteckigen Nachklärbecken. Bundesamt für Umwelt, Wald und Landschaft. In: Schriftenreihe Umwelt, Nr. 157, Bern

LAGARDE, F.; TUSSEAU-VUILLEMIN, M.-H.; LESSARD, P.; HÉDUIT, A.; DUTROP, F.; MOUCHEL, J.-M. (2005): Variability estimation of urban wastewater biodegradable fractions by respirometry. In: Water Resources, 39, pp. 4768-4778

LANGERGRABER, G.; ALEX, J.; WEISSENBACHER, N.; WOERNER, D.; AHNERT, M.; FREHMANN, T.; HALFT, N.; HOBUS, I.; PLATTES, M.;

SPERING, V. ; WINKLER, S. (2008): Generation of diurnal variation for influent data for dynamic simulation. In: Water Science and Technology, 57 (9), pp. 1483-1486

MAHR, B. (2006): Zur Bedeutung des Nitratsauerstoffs bei der biologischen Abwasserreinigung. In: KA — Abwasser, Abfall, 53, S. 916-919

NOWAK, O. (1996): Nitrifikation im Belebungsverfahren bei maßgebendem Industrieabwassereinfluss. Wiener Mitteilungen Wasser, Abwasser, Gewässer, Bd. 135

RESCH, H. (1981): Untersuchungen an vertikal durchströmten Nachklärbecken von Belebungsanlagen. Berichte aus Wassergütewirtschaft und Gesundheitsingenieurwesen, Technische Universität München, Nr. 29

ROELEVELD, P. J. ; VAN LOOSDRECHT, M. C. M. (2002): Experience with guidelines for wastewater characterisation in The Netherlands. In: Water Science and Technology, 45, pp. 77-87

TEICHGRÄBER, B. (1991): Nitrification of Sewage with low buffering capacity. In: European Water Pollution Control, 1, No. 3, pp. 6-10

TEICHGRÄBER, B. (2014): Planning and Design. In: Activated Sludge — 100 Years and Counting. IWA Publishing, pp. 369-381